トコトンやさしい
配管の本

西野悠司

配管は「目立たない存在」ですが、配管技術がしっかりしていなければ私たちの生活は成り立ちません。同時に、配管技術は産業の中核を占める技術です。業界には「配管を征するものがプラントを征する」という至言があるほどです。

B&Tブックス
日刊工業新聞社

はじめに

ものを輸送する手段として、航空機、船、貨車、トラック、などの交通機関、クレーン、コンベア、エレベータ、などの輸送機器、そして配管があります。配管は他の輸送手段と違い、連続して大量輸送ができるという大きなメリットがあり、また気体、液体に限らず、ある種の固体も空気を使って、輸送することができます。管で運ばれるものは、固体であっても「流体」と呼ばれます。

みなさんは「配管」という単語から、どんなイメージを思い浮かべるでしょうか。今までに実物ではないにしろ、どんな配管を見たことがあるでしょうか。炎熱の砂漠を延々と走るパイプライン、化学プラントに林立する塔槽類とその周りの錯綜する配管群、あるいは、道路工事中の深いピットの中に横たわっている配管など…でしょうか。

私たちが日常生活を送る中では、あまり配管を見る機会はないかもしれません。それは、配管のほとんどが道路の下に埋まっていたり、住いの床下や壁の中を通っているからです。都会では配管は「縁の下の力持ち」として、私たちの生活を支えています。

配管は実際には産業とインフラに広範囲かつ密度濃く使われています。配管の世界は実にバラエティに富んだ世界です。

原油や天然ガスを運ぶ配管。石油化学、電力、製鉄などのプラント配管。各種製品の製造工場の配管。船、航空機、車など交通機関の配管。化学工場、製薬工場、電子機器工場など

の配管。水道、ガス、下水を長距離輸送する配管。給水・排水・空調など建築設備の配管などです。

本書は、配管はどのように発達してきたか（第1章）、配管はどのようなところに使われているか（第2章）、配管はどんな構成要素からできているか（第3章）、配管はどのような順序で設計、製作、組立が進められていくか（第4章）、流体が配管をスムースに流れるため、どのような事に注意がはらわれているか（第5章）、について説明します。

この本を、配管に少しでも興味を持たれた方に読んでいただき、配管とはどんなものかおぼろげながらわかっていただければ、ほぼ50年の間、配管の一隅で働いてきたものにとって望外の喜びとするところです。

「はじめに」の最後に、管と配管、パイプとチューブの違いについて、触れておきます。管と配管の違いは、配管（パイピング）は、配管装置という言葉があるように、装置として組み上がったものをいいます。管（パイプとチューブ）は丸い円筒状の物体だけを指します。そして、パイプとチューブの区別は実はかなり曖昧ですが、大雑把にいえば、パイプは流体輸送を目的とする管、チューブは熱交換を目的とする管といえるかと思います。

2013年5月

西野　悠司

トコトンやさしい
配管の本
目次

目次 CONTENTS

第1章 配管の長い歴史

1 人と切っても切れない水「人類は配管と共に歩んできた」 ... 10

2 古代ローマ帝国の水道「ポンプのない時代の水道」 ... 12

3 江戸の上水道「町中の管路網」 ... 14

4 鋳鉄管から鍛接管へ「ベルサイユの現役鋳鉄管」 ... 16

5 パリの下水道「匂い付きの下水道博物館」 ... 18

6 画期的な継目無鋼管の製法「それは問題意識から生まれた」 ... 20

7 管接続方式の変遷「溶接はねじの漏れ止めに使われた」 ... 22

第2章 いろいろな場所で活躍する配管

8 上水道の配管「水源から蛇口までの長い道のり」 ... 26

9 下水道の配管「さらさら流して川へ出す」 ... 28

10 配水管から蛇口まで「水を止めずに分岐管を設ける」 ... 30

11 トイレから下水管まで「詰まりと臭気をなくす工夫」 ... 32

12 都市ガスの配管「現在、低圧管にポリエチレン管を使用」 ... 34

第3章 配管を形づくる要素

13 消火設備の配管「配管サイズが法で定められている」...... 36
14 オイルタンカーの配管「上甲板には貨物油管と水消火配管が走る」...... 38
15 ロケットエンジンの配管「ロケットも配管なしには宇宙へ行けない」...... 40
16 粉を運ぶ配管「錠剤や米をパイプで運ぶ」...... 42
17 石油化学プラントの配管「パイプラックはメインストリート」...... 44
18 火力発電プラントの配管「赤熱している主蒸気配管」...... 46
19 パイプライン「大陸的据付工法のスプレッド工法」...... 48
20 人体の管「地球上、最初のパイプ」...... 50

21 配管という装置「配管が具備すべき条件」...... 54
22 管の材質「プラスチック管の目ざましい普及」...... 56
23 鋼管のサイズ「スケジュール番号は一種の圧力クラス」...... 58
24 管と管をつなぐ管継手「配管を引き回す立役者」...... 60
25 バルブのはたらき「流体を止める、流す、絞る」...... 62
26 いろいろなバルブ「バルブの形式は適材適所で選ぶ」...... 64
27 流れを調節するバルブ「目標値とのずれをなくすよう開度を変える」...... 66
28 配管の安全設備「壊れやすいところを造っておく」...... 68
29 配管を支える装置「上から吊り、下から支える」...... 70

第4章 プラント配管のできあがるまで

30 配管の振動を抑える装置「微振動を止めるのは難しい」……72
31 伸縮管継手に生じる推力「推力発生は伸縮管継手の宿命」……74
32 いろいろな伸縮管継手「推力のいろんな受け方がある」……76
33 蒸気をつかまえる装置（1）「浮力の有無により蒸気とドレンを識別」……78
34 蒸気をつかまえる装置（2）「温度により蒸気とドレンを識別」……80
35 配管の保温と保冷「熱を逃がさない、入れない」……82
36 配管をつなぐフランジ継手「フランジは面圧が命」……84
37 配管をつなぐ溶接継手「最も信頼できる溶接継手」……86

38 配管完成までのステップ「プラント完成の喜びに浸るためのステップ」……90
39 配管の設計手順「他部門と折り合いをつけつつ設計が進む」……92
40 設計のやり方「設計レビュー方法の変遷」……94
41 ベンドの製造「昔は配管職人の腕の見せどころ」……96
42 配管に使われる溶接技術「配管は外側からしか溶接できない」……98
43 溶接部の熱処理「溶接したところは引きつっている」……100
44 配管の非破壊検査「検査するものを壊しては元も子もない」……102
45 配管の組立「現場合わせからブロック工法へ」……104

第5章 配管を取り巻く技術

- 46 耐圧・気密試験「気密試験に先立ち耐圧試験」……106
- 47 ラインチェック「配管工事完成の条件」……108
- 48 配管技術をはぐくむ「4力学が大事」……112
- 49 管の耐圧強度「A×p＝B×Sの考え方をマスターする」……114
- 50 管の強度計算式「管の必要厚さの式と許容応力」……116
- 51 球形が内圧に強い理由「球の応力は円筒の半分」……118
- 52 管に穴があると強度が下がる「補強板をつければ強度が上がる」……120
- 53 流体のエネルギーは保存される「ベルヌーイの法則」……122
- 54 水力勾配線とその応用「水力勾配線が流線の下へくれば負圧」……124
- 55 層流と乱流「層流は粘性の影響力が大きい」……126
- 56 損失水頭はなぜ生じるか「流れがあれば損失水頭を生じる」……128
- 57 管の損失水頭の計算式「損失水頭は流速の2乗に比例する」……130
- 58 管継手・弁の損失「曲りの数と角度が大きいほど損失が大きい」……132
- 59 配管口径の決め方（サイジング）「細い管の標準流速は太い管より遅い」……134
- 60 損失水頭とポンプキャビテーション「ポンプ吸込み管の流速は遅めに」……136
- 61 配管を横から見る「横から見ないとわからないことがある」……138
- 62 配管熱膨張をいかに逃がすか「フレキシビリティがあり過ぎてもよくない」……140

63 配管振動の原因「振動には必ず振動源がある」……142
64 配管の共振「避けねばならぬ共振」……144
65 ウォータハンマ「大きな破壊力」……146
66 配管の電気化学的腐食「水と関係ある腐食は電気化学的」……148
67 配管のガルバニック腐食と対策「ガルバニック腐食は著しく腐食が速い」……150

【コラム】
● ビッグバンと粒子加速管……24
● 地上最小のチューブ……52
● 配管で起きるトラブルの特徴……88
● 配管にやさしいポンプ……110
● 配管に関する資格……152

索引……153
参考文献……157

第1章
配管の長い歴史

●第1章　配管の長い歴史

1 人と切っても切れない水

人類は配管と共に歩んできた

古代の文化はインダス河、ナイル河、チグリス・ユーフラテス河、黄河など、河のほとりに栄えました。

それは、人間は水がなくては生きていくことができず、片時も欠かすことのできない必需品だからです。古代においては水の輸送は主として、人力とロバのような家畜で運ばれていました。

人は川の流れにヒントを得て、人工的な川に似たものを造ることができれば、何の労力も使わず、しかも連続して水の得られることを、そして水が流れるには高低差が必要であるということを知っていたことでしょう。

紀元前4000年に栄えたバビロンの遺跡からは粘土で造られた管が、そして古代の中国では、「最古の管」ともいわれる竹が使われていましたが、設備さえ造れば、あとは人手を介さず水を連続的に運べるこれらの方法も、水源からごく近い集落に運ぶための、距離的にも水量的にもごく小規模なものでした。

このような手段では、水源が手近になければ、毎日のように水を得ることは困難なので、必然的に人は、川、湖、沼、湧水のような水の畔、とりわけ、いつも新鮮な水が枯れることのない大河の畔に住みつきました。しかし、人口が増え、また、より快適な生活を求めて、人類は水源を探しまわりましたが、見つけた水源地が必ずしも居心地のよい地形とは限りませんでした。水源地が居住地と相当離れている場合、ましてやその間が平地でない場合は、人や家畜で運ぶのは大変な労力と時間を必要としました。

集落の人口が増え、都市のような形態を示してくると、必要な水量も増え、より長距離を、より大量の水を運ぶ必要に迫られました。それには大規模な土木工事を必要とします。今もヨーロッパ各地に残る、古代ローマ帝国以前の橋や神殿、後の教会のアーチ構造などは、水を運ぶための水道用の橋やトンネルを建造する試みから、発達していったのかもしれません。

要点BOX
- ●配管の歴史は紀元前4000年にさかのぼる
- ●配管により人は水源を離れ住めるようになった
- ●配管で運ぶ距離・水量が次第に増えていった

水を運ぶ

水
湖

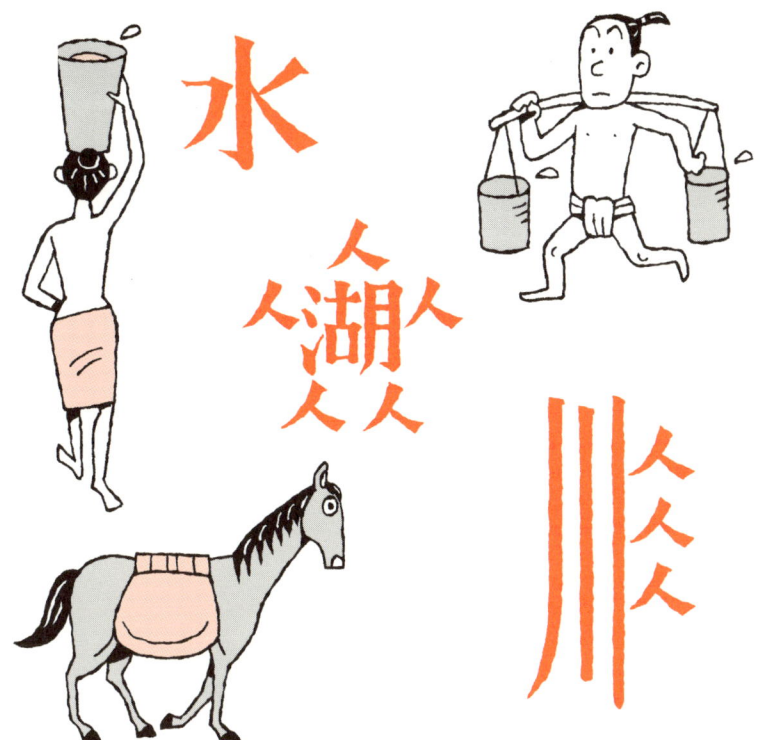

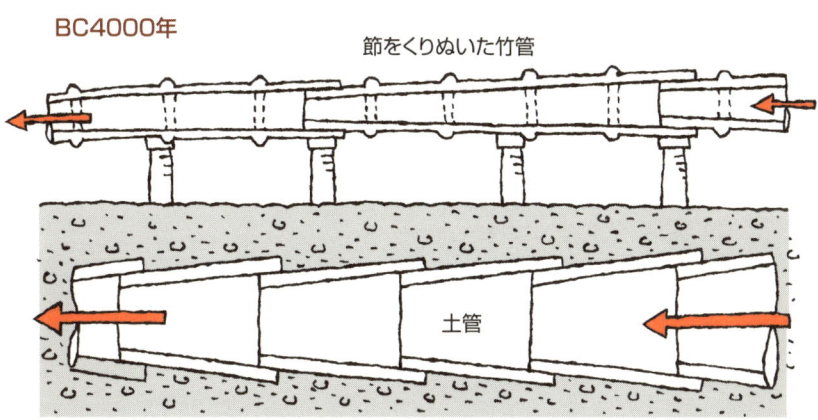

BC4000年
節をくりぬいた竹管
土管

● 第1章　配管の長い歴史

2 古代ローマ帝国の水道

ポンプのない時代の水道

ヨーロッパの古代の配管として特筆すべきは、ローマ帝国の水道です。紀元前322年、ローマ市内の人口密集地に清潔な水を供給するため敷設されたアッピア水道がローマ最初の水道です。その後のローマの急激な人口増加に伴い、西暦220年ごろには11の水道が建設され、総延長は500キロメートルに達しました。今われわれが目にする水道遺跡は高架水道ですが、ルートの大部分は地下を通していました。上の図に示すように、水源から都市の貯水池までの水路は矩形断面の石造で、水面のある流れでした。重力で流すため、下り勾配が必要でしたが、1000分の5以下のわずかな勾配とし、都市に入るときの水位をできるだけ高くして、多くのエネルギーを都市で使えるようにしました。

石造の水路は漏水を防ぐため、水路内面にモルタル状のものが塗られていたようで、モルタルは滑らかなので、水路の損失水頭（そんしつすいとう）56 項参照）軽減にも役立っていたと思われます。

谷を渡る時は、アーチ橋か逆サイホン（U字状管）が使われました。アーチ橋は単段のアーチでは高さ20メートル程度が限界であったので、それを越えるときはアーチを2段ないし3段にする構造をとりました。ローマ人がスペインのセルビアに建設した橋や南仏のポンチュガール（下の図）が有名です。また、逆サイホンは水面（大気圧）からの深さに相当する圧力が内部にかかるので、強度や漏洩対策が必要でした。

都市の入口に設けられた貯水槽は、その上部からいったん受け槽へ入ってから分岐されて配水され、官庁用の余った水は別の受け槽に入り、公衆浴場、噴水、無料で家庭などに配水されました。都市に入ってからは金属管も使われ、鉛や銅の板を丸めって板の合わせ目は上の図にあるように、はんだ付けされなので、また陶や木製の管も使われました。

●紀元前322年、古代ローマ帝国最初の水道
●西暦220年までに総延長500キロメートルに
●谷を渡るときはアーチ橋か逆サイホンによった

古代ローマの水道（断面図）

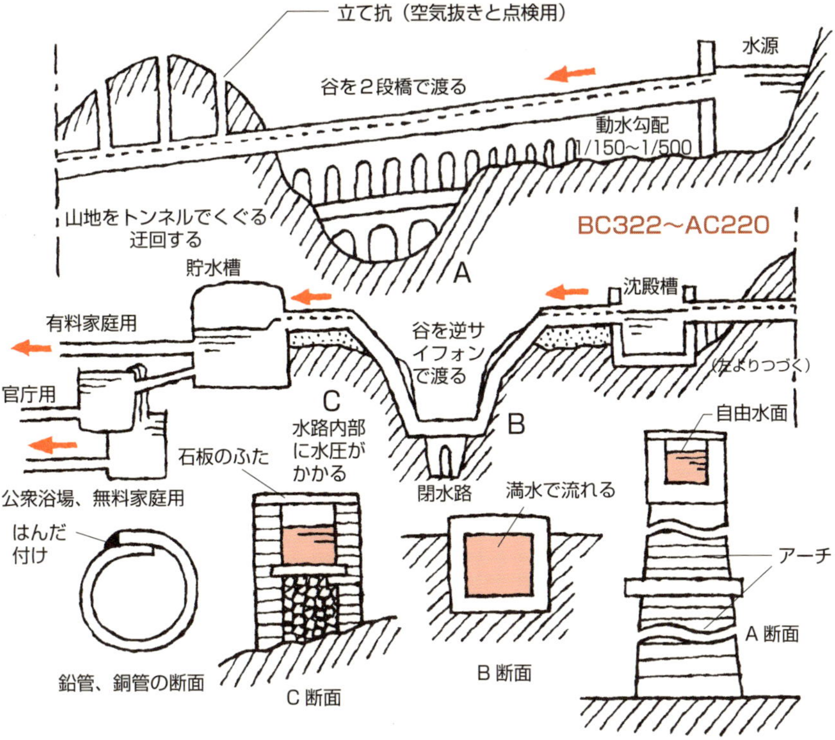

- 立て抗（空気抜きと点検用）
- 水源
- 谷を2段橋で渡る
- 動水勾配 1/150～1/500
- 山地をトンネルでくぐる迂回する
- BC322～AC220
- 貯水槽
- 沈殿槽
- 有料家庭用
- 谷を逆サイフォンで渡る
- （たよりつづく）
- 官庁用
- C
- 自由水面
- 石板のふた
- 水路内部に水圧がかかる
- B
- 公衆浴場、無料家庭用
- 閉水路
- 満水で流れる
- はんだ付け
- アーチ
- A断面
- 鉛管、銅管の断面
- C断面
- B断面

2000年前建造のローマ水道 ポンヂュガール（3段橋）付近

● 第1章 配管の長い歴史

3 江戸の水道

町中の管路網

江戸時代以前の人々は川、池沼、泉など水の畔に住んでいました。徳川家康が1590年、江戸に入府し、江戸の人口が増えると多くの水が必要になりました。最初に造られたのが井之頭を水源とする神田上水で、1690年完成といわれています。

さらに人口が増え、水不足解消のため計画されたのが多摩川から水を引く玉川上水です。水を流すには高低差が必要なため、多摩川上流の羽村に取水口を設け、用水は羽村から武蔵野台地の高いところを選び、下り勾配で溝を掘り、江戸の四谷大木戸まで43キロメートルに及びました。この間の高低差92メートル、平均勾配はわずか500分の1です。工事開始1年半後の1654年に玉川上水は完成しました。

四谷大木戸まで川のように流れてきた水は、ここから道路下などに埋めた石樋、木樋と呼ばれる管の中を通りました。四谷大木戸から四谷見附までの石樋は幅1.2メートル、高さ1.5メートルもある大きなものでした。この石樋を造るには、たくさんの石工が石をかち割り、斫って数ヶ月を要しました。四谷見附から先は主に木樋で、江戸城に入るものと武家屋敷や町中にいくものと二手に分かれました。

木樋の材料は硬い檜や松が使われ、木樋の断面は正方形で手斧やのみで凹形にくりぬいた後、天板を打ち付けたものと、4枚の板を組んだものとがあります。木材を結合する合わせ面は、水が漏れないよう、檜の皮などを柔らかく解したものをしっかり詰めた後、長い「ふな釘」でしっかり固定しました。町中には随所に水を溜める「ためます」という大きな樽状のものが埋設され、木樋や竹樋で配水しました。ためますから竿釣瓶で水をくみ出し、桶に入れて天秤などで家に運びました。記録によると、江戸市内の石樋や木樋の総延長は羽村より四谷大木戸までの2倍の85キロメートルにおよび、江戸の町中に網の目のように張り巡らされていました。

要点BOX
- 玉川上水全長の平均勾配1/500
- 江戸町中の管は石樋、木樋が使われた
- 木樋の末端に「ためます」があり、釣瓶で汲んだ

江戸町中の水道

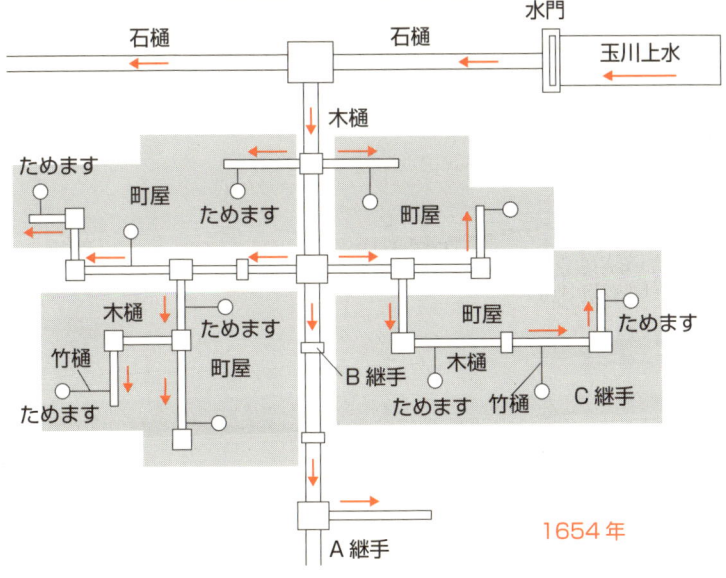

1654年

石樋からためますへ

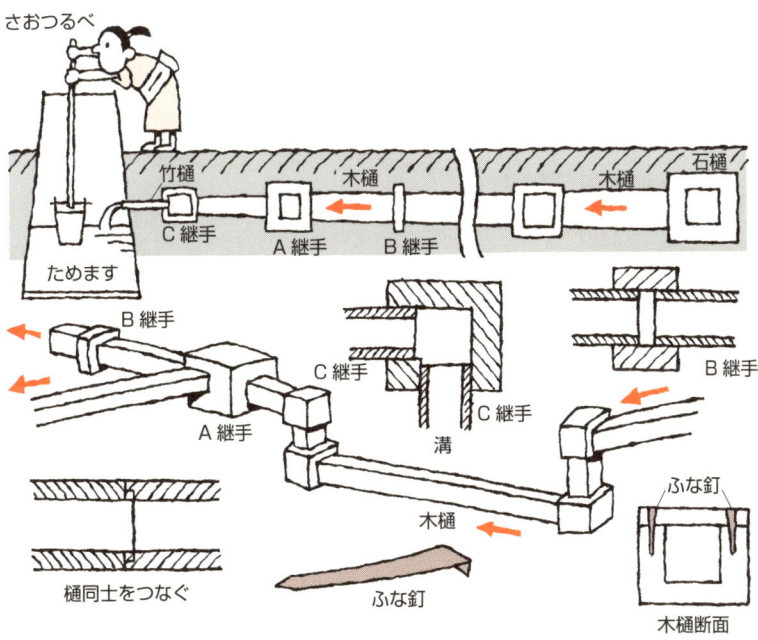

● 第1章 配管の長い歴史

4 鋳鉄管から鍛接管へ

紀元前4000年に栄えた、バビロニアの遺跡から粘土で造られた管が、そして古代ポンペイの遺跡からは紀元前87年の年代を刻んだ鉛管でできた配管が見つかっています。そして、古代ローマ以前に使われた木や石をくり抜いた管は幾世紀にもわたって世界各地で使われてきました。

導水管に鋳鉄(鉄に含まれる炭素量3〜4%)が使われだしたのは、1313年に鋳鉄製の大砲が造られた後のことで、1455年、ドイツで鋳鉄管が造られました。17世紀、フランスのルイ14世はベルサイユ宮殿の噴水に水を供給するため、ポンプ場から24キロメートル離れた宮殿まで鋳鉄管を敷設しました(1664〜1668年)。その管は現在でもなお使われています。導水管や水道管に鋳鉄管が盛んに使われるようになったのは、19世紀初めになってからです。鋳鉄の埋設管は寿命が長いという利点から、新しい導水システムに定着していきました。鋳鉄管は歴史時代以前から使われていたかもしれませんが、腐食により跡を残さないため、定かなことはわかりません。

18世紀後半に蒸気エンジンの発達と利用が進み、それまで以上に高圧、高温に耐える管が必要になりました。その要請に応えて、鍛造、鍛接ができる錬鉄の板を円筒状に成形し、両端面を突き合わせて圧着鍛接する製法が開発され、さらに、端部を重ね合せて鍛接する錬鉄管の製造が始まり、鍛接管の生産はさらに増えていきました。

しかし、炭素含有量が0.1%以下の錬鉄が弱かったので、強度も粘り強さもある、鋳鉄と錬鉄の中間の炭素量を含む、鋼の開発が急がれました。19世紀半ばに、溶融した銑鉄から鋼を得る製鋼法として、最初に転炉製鋼法が、次いで平炉製鋼法が開発されました。第一次大戦後、電力事業やプロセス工業の要求からさらに高圧に耐える材料が求められ、ビレットから造る継目無鋼管が普及しました。

要点BOX
- 17世紀ベルサイユ宮殿に敷設された鋳鉄管は今も健在
- 蒸気の高圧高温化に応え18世紀鍛接管が誕生

ベルサイユの現役鋳鉄管

ベルサイユ宮殿噴水の鋳鉄管

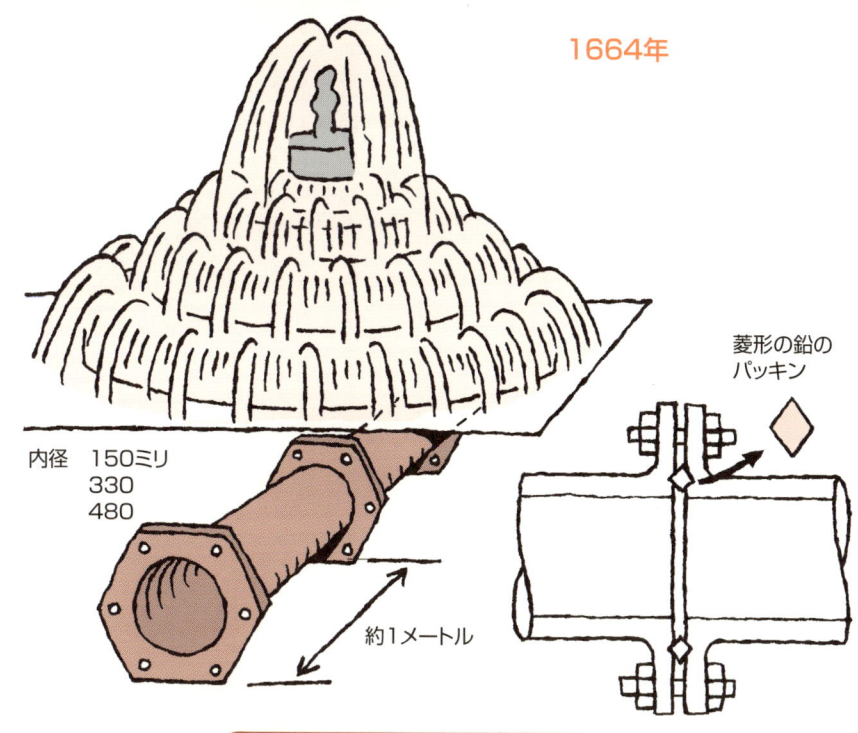

1664年

内径　150ミリ
　　　330
　　　480

約1メートル

菱形の鉛のパッキン

蒸気機関時代と鍛接管

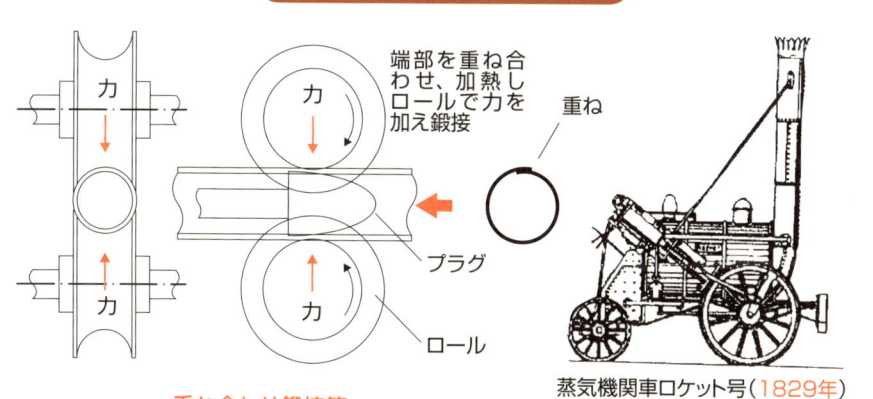

端部を重ね合わせ、加熱しロールで力を加え鍛接

重ね
プラグ
ロール

蒸気機関車ロケット号（1829年）

重ね合わせ鍛接管

用語解説

錬鉄（れんてつ）：炭素含有量4.5％の鋳鉄は脆いという欠点があった。炭素を減らすと粘り強い鉄ができるが、高温の炉が必要であった。18世紀中ごろ反射炉の実用化により、炭素量の非常に少ない錬鉄が製造されるようになった。パリのエッフェル塔は錬鉄製である

● 第1章　配管の長い歴史

5 パリの下水道

匂い付きの下水道博物館

下水道が建設される以前、パリの人は汚水をドアの外にぶちまけ、汚水はそのまま、飲料水を取水しているセーヌ川に流れ込みました。街路の汚水（上段左図参照）と不潔な飲み水とは、チフスやコレラを蔓延させ、多数の病人と死者を発生させました。問題の解決にはなりませんでしたが、1つの対策として、道路中央を少し掘り下げて小さな溝の導水路を造り、それを集めてセーヌ川へ流しました。1370年、パリに初めて地下下水道が造られましたが（上段右図参照）、小規模で、多くは埋設されず、水面が地上に露出していました。本格的な下水道のなかったパリ人の平均寿命は30歳代だったといわれています。

1805年から1812年にかけ、建設された下水道の地下の闇の迷宮はヴィクトル・ユーゴーの名作『レ・ミゼラブル』の中につぶさに描写されています。

下水道の画期的な改革がナポレオン3世の時代に行なわれました。1850年、彼はセーヌ県長官であったオスマン男爵とベルグランド技師に、飲水と非飲水の供給ラインが併設された人が容易に入れ、機械で水路の掃除もできる巨大な回廊式下水道（中段左図）の建設を命じました。最初3つの幹線下水道が建設され、それらはコンコルド広場の下で集結し、設備で浄化後、セーヌ川のパリ市下流で放流されました。現在では、下水トンネル網は総延長2000キロメートルにおよび、トンネル内には下水道の他に、上水道、電話ケーブル、交通用信号ケーブルなどが敷設されています。

エッフェル塔に近いセーヌ河畔に交番のような小さな建物がポツンと立ち、その脇から薄暗い階段が地下へ下りています。ここが現役の回廊式下水道を見学できる下水道博物館の入口（中段右図）です。中は下水道独特の匂いに溢れ、実物の下水道の回廊を歩きながら、パリ下水道の歴史と、アイデアに富んだ下水道のさまざまな清掃用機器などの展示が見られます。

要点BOX
- ●18世紀までパリに下水道は存在しなかった
- ●19世紀巨大な回廊つきの下水道建設
- ●下水道博物館で当時の下水道と清掃機器展示

下水道のなかったころ

最初の地下式下水道

回廊式下水道（1850年）

パリ下水道博物館入口

管状流路を清掃する洗浄用木製ボール

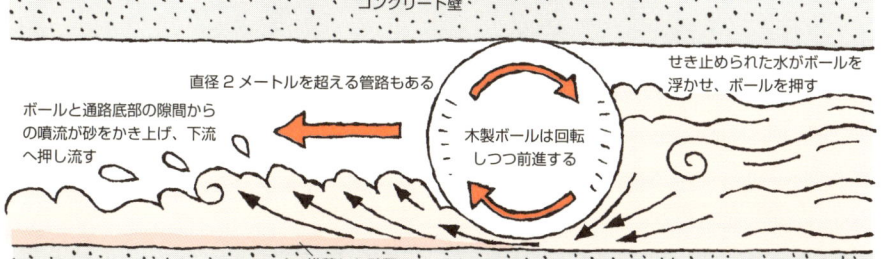

コンクリート壁

直径2メートルを超える管路もある

せき止められた水がボールを浮かせ、ボールを押す

ボールと通路底部の隙間からの噴流が砂をかき上げ、下流へ押し流す

木製ボールは回転しつつ前進する

堆積した砂類

6 画期的な継目無鋼管の製法

それは問題意識から生まれた

産業の発展に伴い、より高温高圧の使用条件に耐える「継目無鋼管」の必要性が増大しましたが、その製造法は19世紀中ごろまで、丸い鋼材をドリルで穴をあけ、プラグで圧延し、常温で引抜いて仕上げる方法か、所定のサイズにプレスで穴をあける方法でした。前者はコストがかかり過ぎ、後者もまた穴の部分の材料がくずとなって無駄となりました。

1886年、ドイツのマンネスマン兄弟が「傾斜圧延法」という思いもよらぬ方法で継目無鋼管の製造に成功しました。傾斜圧延は、それまで丸棒や管の圧延などに広く使用されていた方法で、通常の圧延ではローラ軸が反対方向に回転する一対のロールに、材料をロール軸と直角方向に挿入するのに対し、互いにある角度をもって交叉し、同じ方向に回転する一対のロールに、丸棒などを軸と同じ方向に挿入する方法です。

マンネスマン家はやすりを製造する工場を経営していました。英国から購入した圧延された丸棒の中心にしばしば亀裂（大根やごぼうの芯によく見られる巣のようなもの）が入っており、ひどい場合は孔が軸方向に貫通していました。マンネスマンは丸棒を自家で製造することとし、英国式のリーラ（整形のための傾斜圧延機の一種）を使って製造したところ、やはり同様の欠陥が出ました。その後も同じ現象が出たため、傾斜圧延すると芯にできる引け巣のような穴を利用して、丸鋼の穴あけができないかと考えました。

そこで圧延機の周りに板囲いをし、秘密裡に条件を変えて実験を繰り返した結果、中心部の引けたところへプラグを置き、ローラ／プラグ／ローラの三重の圧延により名実共に管らしい管ができるようになり、1886年にその特許が成立しました。しかし傾斜穿孔圧延による穿孔の原理が不明なため（1890年から40年間近くいろんな原理が発表された）、仕様の管に適した作業条件を設定するのには苦労しました。マンネスマン穿孔法は今でも使われています。

要点BOX
- 1886年マンネスマンは丸棒の圧延の際、中心部にできる引け巣をヒントに傾斜圧延法を開発
- この方法で継目無鋼管の製造に成功した

継目無鋼管の道を開いたマンネスマン穿孔法

1886 年

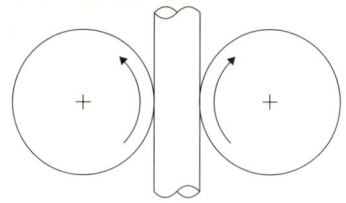

ロール軸は丸棒と直交、ロールは反対方向に回転

通常の圧延

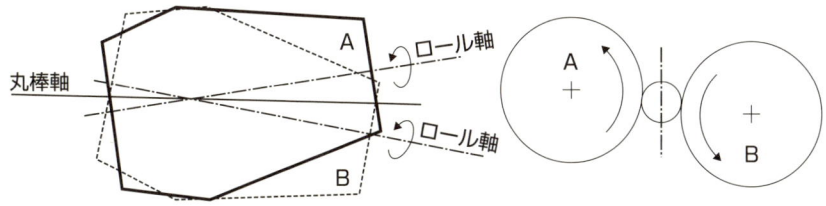

2本のロール軸は
互いに傾斜し、同じ方向に回転。丸棒はロール軸と平衡

傾斜圧延ロール

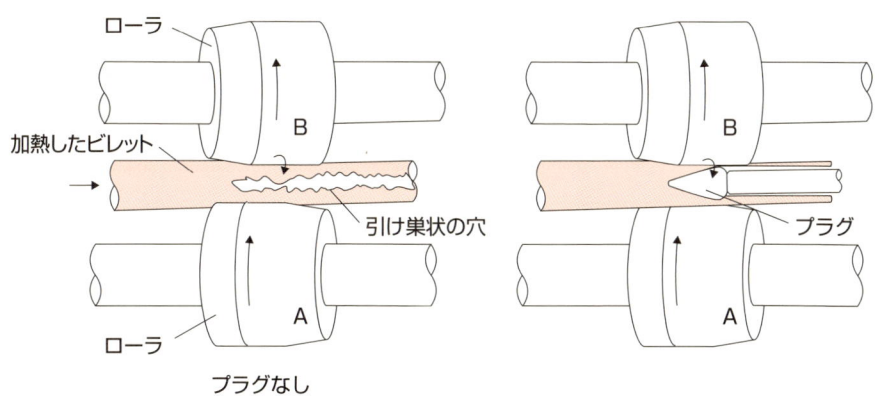

傾斜圧延によるマンネスマン式穿孔法

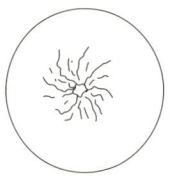

プラグなしの場合の引け巣状の穴

7 管接続方式の変遷

溶接はねじの漏れ止めに使われた

1930年代初め、管はガス管（1925年、旧JESに指定されました。今のSGP）、弁、管継手は鋳鉄製や可鍛鋳鉄、あるいは砲金製で、これらの接合は「ねじこみ式」でした。口径100A以上の装置周り配管は分解修理に便利なようにフランジが多数使われました。管継手は両端にフランジがついたフランジ付管継手、管とフランジとの接合にもねじが使われました。

1930年代半ばごろになると、各種装置が近代化され、流体の圧力、温度が高くなって、装置廻り配管は管の厚さに、ウェイト式といわれる、低圧用のスタンダードウエイト、中圧用のエキストラストロング、高圧用のダブルエキストラストロングが使われました。1938年、管の厚さに現在使われているスケジュール番号方式が米国で制定され、管は炭素鋼の引抜鋼管となり、弁、管継手も普通鋳鋼や低合金鋼（クロム・モリブデン鋼）になりました。

このころから、カーバイト方式によるアセチレンガスが鉄の切断に使われ、サポートや架台はリベット接合からガス溶接に変わりましたが、初期のころは管の溶接にあまり使われませんでした。

アセチレンガスは容器の中でカーバイトを水に浸してアセチレンガスを発生させ、酸素を供給しながら点火すると火焔は高熱を発し、約3300℃になります。当初、下図右のような「逆火爆発防止用水封式安全器付き」のガス発生器が使われました。

1930年代末になると、電気溶接が現れましたが、配管にはあまり使われず、ガス溶接が主流でした。そのうちに、電気溶接はフランジやソケットを管にねじ込んだ後、漏れ止めと補強の目的で施工されるようになりました。1940年代初めになって、管の突合わせ溶接が見られるようになり、1955年ごろには溶接式管継手が現れ、漏れに対する信頼性から、フランジ付き管継手は姿を消していきました。

要点BOX
- 20世紀はじめまで、ねじこみ式が主流
- 溶接が配管の接合に本格的に使われるようになったのは20世紀半ばから

ねじ接合

アセチレンガス溶接

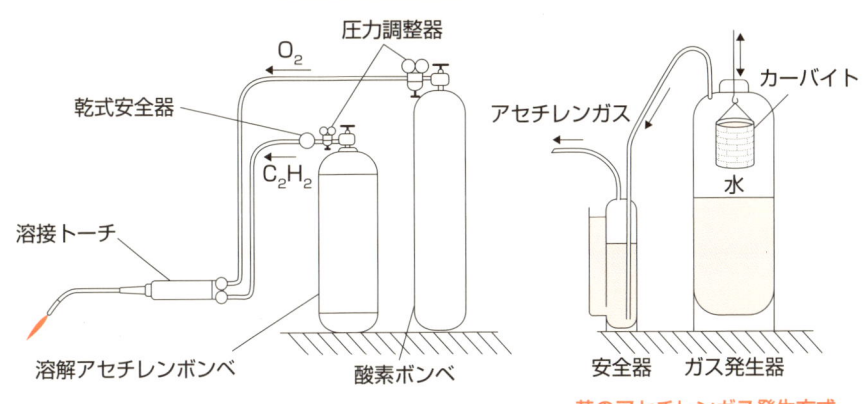

昔のアセチレンガス発生方式

(出典:「化学プラント配管工事の変遷」竹下逸夫著)

Column

ビッグバンと粒子加速管

ここでは、陽子や電子を光速で通過させる管やダクトを紹介します。

宇宙の起源は約137億年前に起きたビッグバンによるものと考えられていますが、ビッグバン直後の、素粒子だけが高速で飛び回る宇宙に近い状態を、再現できれば、その起源を知る大きな手がかりとなります。

その状態を再現するためには、粒子を光速に近い速度まで加速し、陽子と正面衝突させ、陽子を素粒子に分裂させる必要があります。電子、陽子などの粒子を加速する装置を「加速器」、加速する粒子群を「ビーム」といいます。

粒子の加速方法は複数ありますが、左の図はシンクロトロンで、高周波電圧によってビームを加速し、ビームは円軌道を回ります。

電場を用いて、粒子を加速する原理は、右の図のように、2つの電極板により電場をつくり、負の電荷をもった電子を穴から電場の電極板に向かって入れると、正の電極板に向かって引き寄せられます。この時、電子は加速され、速度を上げて正の電極に向かいます。粒子をこの電場を何回も通すことにより、粒子は加速し、光速に近づいていきます。高エネルギー加速器の大きなものは全長が数十キロメートルにも及びます。

加速器は次のような装置から構成されます。電子、陽子などのビームを光速近くまで加速する「加速管」あるいは「加速空洞」、加速したビームの通路となる「真空ダクト」、「加速管」へ入れるビームを加速するための線形加速器、ビームの軌道を小刻みに曲げて円軌道を描かせる偏向電磁石などです。光速に達したビームはビーム取出装置から軌道を外し、相手の粒子に衝突させます。

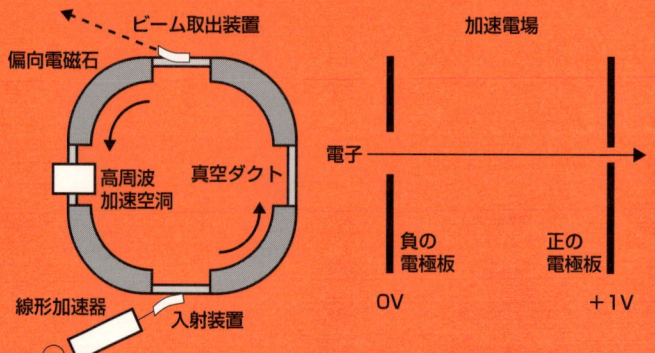

第2章
いろいろな場所で活躍する配管

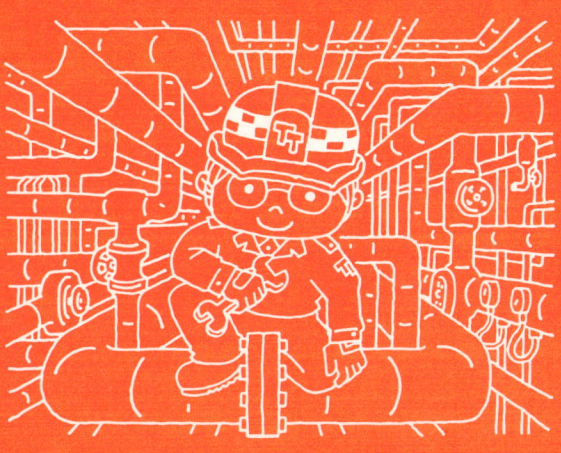

8 上水道の配管

水源から蛇口までの長い道のり

水道水は、一般に川や湖を水源とし、水を堰き止めたダムや水中に立てた取水塔などから取水します。水中に浮遊する土砂が管渠を狭めたり、閉塞するのを防ぐため、土砂を沈めて取り除く沈砂池を非常に遅い流速で通します。沈砂池を出た水はポンプで昇圧し、導水渠（水面のある水路）または導水管（後で述べる送水管と同じ構造）で浄水場へ送ります。浄水場の沈殿池でさらに細かい土砂を沈殿させ取り除き、水を殺菌するため一定量の塩素を注入し、飲めるようになった水は浄水池に蓄えられます。

浄水は浄水場から送水ポンプを通して各地の配水池に送られます。配水池から配水管（配水本管と配水支管からなる）により水の需要者の近くまで運ばれます（上、中の図参照）。配水管は網目状に敷設すると、給水区域内の水圧が均等になり、また水の停滞するところをなくす利点があります。このような網目状の管路を「管網」といいます。

水は配水支管から給水管に分岐され、最終需要者の蛇口へつながります。中段の図にあるサドル付分水栓は、水を止めずに配水管から給水管を分岐する装置です　10 項参照）。

配水管の静圧（動水圧と呼ぶ）は最低で0・15〜0・2MPa、締切圧力（流れがない時の圧力）は管などの耐圧強度から0・7MPa程度に調整されています。送水管、配水管に使われる管はダクタイル鋳鉄管、ライニング鋼管、ステンレス鋼管、水道配水用ポリエチレン管（高密度ポリエチレン）が使われています。

ダクタイル鋳鉄管のジョイント部の例を下の図に示します。メカニカルK形は内圧によるスラストをエルボやティが推力で動かされないようにコンクリートで防護する必要があります。

大都市では、上水道、下水道、ガスの管路、電気、電話線は道路の下に大きなコンクリートのトンネルを造りその中にまとめて通す共同溝方式をとっています。

要点BOX
- 水は浄水場、配水池を経由して消費地に届く
- 配水管の静圧は水柱で15〜20メートル
- ダクタイル鋳鉄管、ポリエチレン管などを使用

導水・送水・配水管

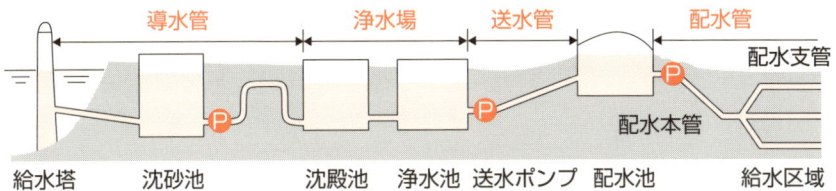

配水管の構成

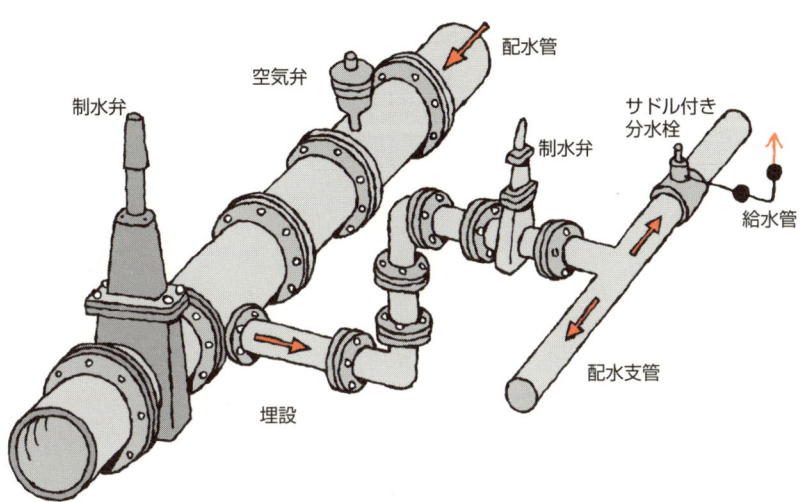

ダクタイル鋳鉄管の代表的継手

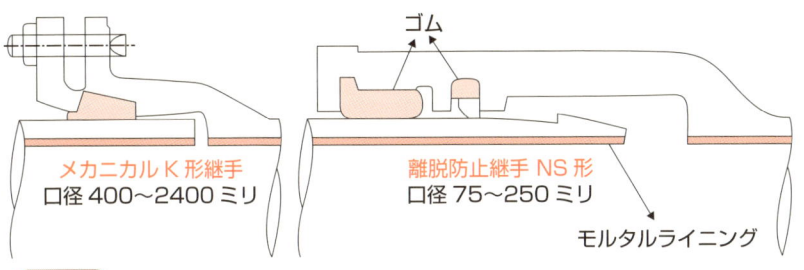

用語解説

MPa：メガパスカル

9 下水道の配管

さらさら流して川へ出す

下水道は家庭、オフィス、工場などで使用された水(汚水という)と降った雨(雨水という)の両者(下水という)を集め、導き、適切な無害となる処置をして、川などに放流するためのものです。つまり上水道を動脈とすれば、下水道は静脈にあたります。

下水の集め方に二通りあって、汚水と雨水を別の管で流すのが「分流式」、汚水と雨水を同じ管で流すのが「合流式」です。合流式は設備費が安くすみますが、大雨のとき、下水量が下水処理能力を上回った場合は、合流式の一部が河川に流れ出すことがあります。

ここでは、分流式を例として取り上げます。

下水道施設は上流側から、排水設備、下水管、ポンプ場、下水処理場に分けることができます。

排水設備は、台所、風呂、トイレ、洗面所、工場排水などの使用済みの水と、雨水を下水管に導く配管設備をいいます。

下水管は、排水設備からの下水を、下水処理場を経て河川に放流するまでの管路施設をいいます。下水は重力によって、高い所から低い所へ下り勾配をつけて、自然にまかせて流すのが原則で、下流にいくにしたがい、合流を繰り返して、管は太くなっていきます。また、下流へいくと、管は地中深いところを通るようになり、管理が難しくなります。地形などにより、低い所から高い所へ汲み上げてやる必要のある場合もあります。このような場合はポンプ場を設け、ポンプで浅いところから高い所へ水を上げるようにします。また、管内部を清掃するため、道路から人が入れるように、ところどころにマンホールが設けられています。下水は川へ捨てる前に、沈殿などの物理的方法や微生物を使ってきれいな水に浄化して、川に放流されます。そのような下水の浄化を行う所が下水処理場です。

管路の材質としては、硬質塩化ビニール管、鉄筋コンクリート管、陶管、強化プラスチック複合管などがあります。

要点BOX
- ●汚水と雨水の扱い方で分流式と合流式がある
- ●高いところから低い所へ重力で流すのが原則
- ●汚水は下水処理場で浄水にしてから川へ放流

下水道のしくみ

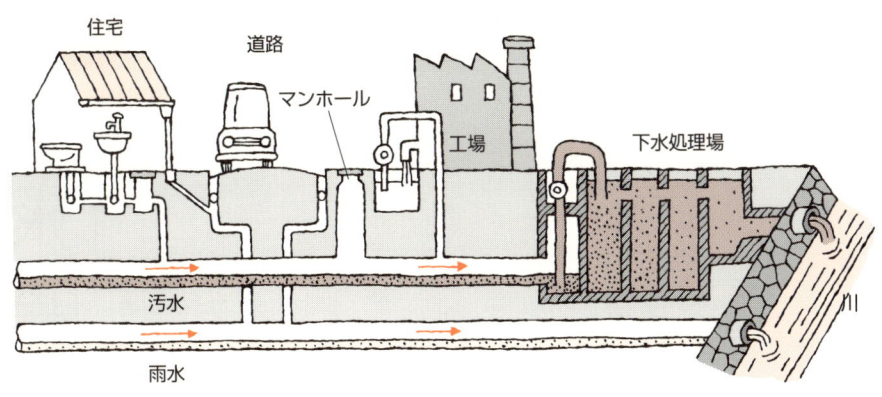

道路下の下水道

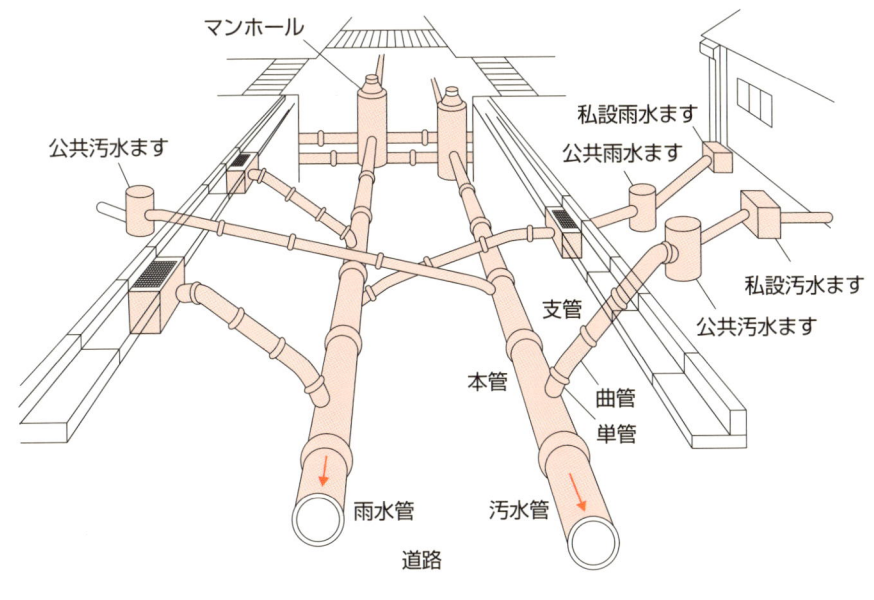

● 第2章　いろいろな場所で活躍する配管

10 配水管から蛇口まで

水を止めずに分岐管を設ける

配水管 8 項 から分岐して需要者へ給水する配管を「給水管」といいます。

低層住宅（通常2階建て以下）の場合は配水管から直接送水される直結式によりますが、中高層ビルの場合は、給水管から分岐した後、ポンプで加圧して各階へ送ります。この方式には、ポンプで送る前に水を溜める貯水タンクを置く「貯水槽式」と、貯水タンのない「ポンプ直送式」とがあります。

水を止めずに配水管から給水管の分岐を設ける場合、口径75ミリ以上の場合、「割T字管」が使われ、それより小さいものは「サドル付分水栓」が使われます。分水栓はサドルを配水管にしっかりと装着後、分水栓のボール弁を通して穿孔機を挿入、配水管に穴をあけた後（切くずは分水栓から水で排出）、ボール弁を締め、穿孔機を外し、給水管を接続し、ボール弁を開き通水します。

給水管の管材は、ライニング鋼管、ステンレス鋼管、ポリエチレン2層管（撓むのでエルボなしで曲げることができ、継手箇所を減らせる。ただし傷つきやすいので、樹脂製のさや管に入れて保護する）、硬質塩化ビニル管、架橋ポリエチレン管、ポリブデン管などがあります。管内流速は1・5〜2m／sが標準です。

住戸内の配管は水道機器まで順次枝分かれしていく「分岐式」とヘッダを設けて、そこから単独で水道機器までもっていく「ヘッダ式」とがあります。

配管された給水管の末端につく給水栓は水道を代表する顔のようなもので、最も親しみのある器具です。水の出口を蛇口と呼ぶのは、昔、水の出口が獅子や竜の顔をしており、竜が蛇に転じ、蛇口になったという説があります。湯と水を混合する混合水栓は向かって左を湯に、右を水にしなければなりません。

水栓トイレは洗浄水槽の水面に浮くフロート（浮玉）の昇降によって弁を開閉するボールタップが設けられ、洗浄水槽に自動的に給水するしくみとなっています。

要点BOX
- ●中高層ビルへは貯水槽式とポンプ直送式
- ●給水管の末端にはおなじみの蛇口が付く
- ●水を止めないで分岐管を設けることができる

中高層ビルの場合

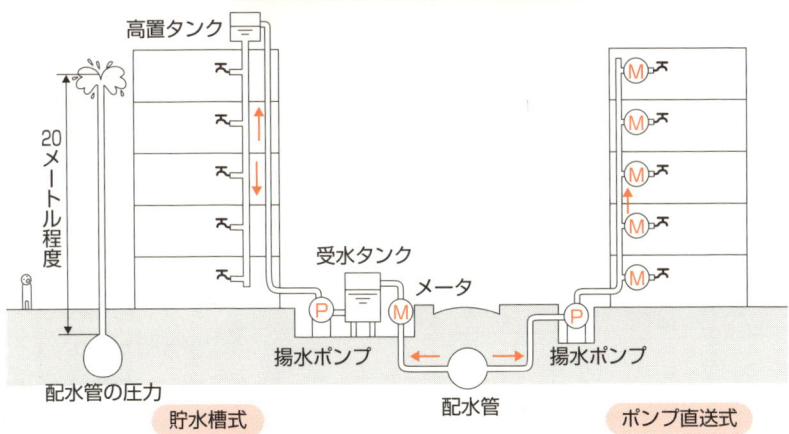

低層住宅の場合

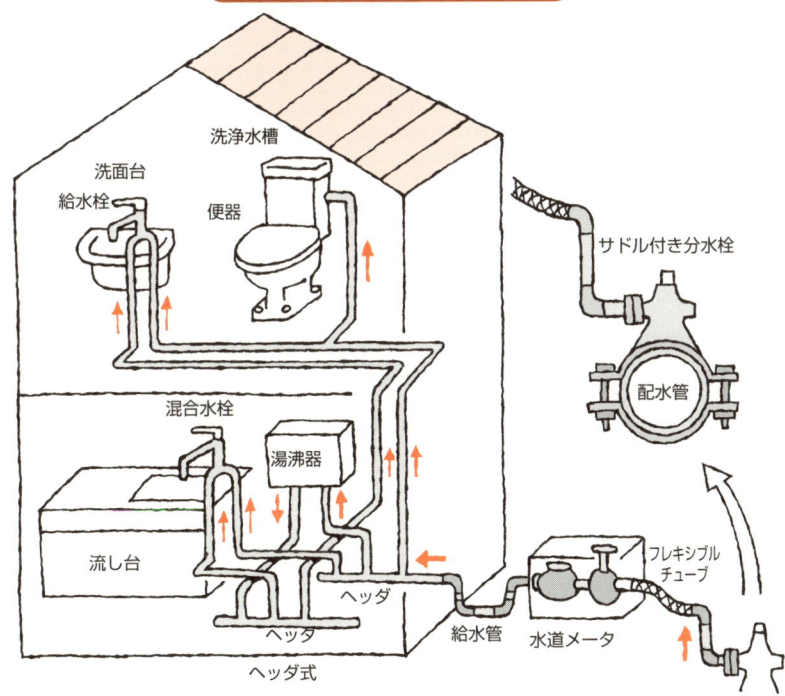

用語解説

割りT字管：分岐を設けたい管に2つ割れのT字管をかぶせ、ボルト締めし、枝管の座に仕切弁を設置してから、配水管を穿孔し、枝管を敷設する

11 トイレから下水管まで

詰まりと臭気をなくす工夫

家庭や事務所の器具で使用された水（汚水といいます）や雨水は排水管によって、下水管へ流れます。

排水管は水を重力によって高所から低所へ流すので、水圧はあまりありませんが、汚水や汚物（固形物を含む）が流れます。上段の図は分流式（9項参照）の一般住宅の排水管を示します。

流し台、洗面台、浴槽、便器などの器具を出た汚水は床下を下り勾配をつけて這う配管「横走り管」に合流します。集合住宅やオフィスビルの各階の横走り管は、垂直に立てた「立て管」に接続し、立て管は一階床下の共通横走り管に接続し、汚水枡を経て道路下の汚水管へ排水されます。

立て管の上部は、通気管となって、排水と共に入って来た空気を上方へ抜く働きがあります。流れの中の空気を上方へ抜く理由は空気の塊があると、管内で圧力変動を起こし、スムーズに流れないばかりか、後述するトラップのシール機能を壊してしまうからです。

一方、雨水は汚水とは別系統の排水管で雨水枡を経て、道路下の雨水管に入ります。

排水配管の材料、構造上の特徴は、①耐食性に優れる排水用鋳鉄管（給水管用より厚肉）や硬質塩化ビニル管のうち厚肉管（VP）が主に使われます。②管継手は方向転換時、詰まらないように、曲げ半径が大きくなっています。③横走り管は固形物が水と一緒に流下するよう、下り勾配をつけ、流速0.6～1.5m/sになるように管のサイズを選びます。④トイレ、洗面所などの衛生器具の下には管路による臭いの拡散を防ぐため、トラップが設けられます（下の図参照）。トラップ部分には常に水が滞留しており、この水により、下流からの臭いはシールされます。⑤他の器具の排水が流れたとき、トラップ下流の圧力が変動すると、トラップ内の水が器具側へ飛び出したり、横走り管側に吸い込まれたりして、トラップの水がなくなり、シールが切れてしまうことがあります。

要点BOX
- 排水管は下り勾配の横走り管と立て管からなる
- 汚水の出る器具の出口にはトラップを設ける
- 屋外に出た排水管は枡を通って下水管へ入る

分流式下水処理

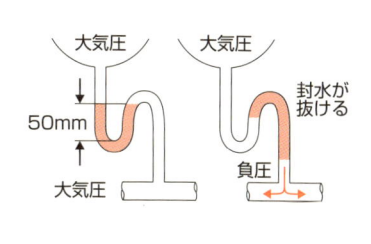

トラップの働きと封水の破壊
下からの臭気や虫を封水で遮断する。トラップ下流の圧力が変動すると封水が喪失し、トラップの機能が失われる

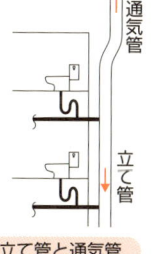

立て管と通気管
横走り管や立て管の空気を管外へ抜き、管内の圧力変動を抑える

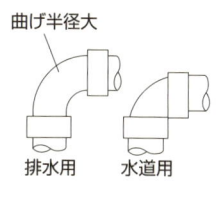

硬質塩化ビニル管継手

● 第2章　いろいろな場所で活躍する配管

12 都市ガスの配管

現在、低圧管にポリエチレン管を使用

都市ガスの主体である天然ガスや石油ガスは、大量に輸送するため、原産地で液化し、液化天然ガス（LNG）や液化石油ガス（LPG）とします。

LNGおよびLPGは極低温の液体で、専用タンカーで原産地から運ばれてきます。タンカーからLNG（LPG）タンクに貯留された後、ガス製造工場において海水で温めて気化させ、次いで発熱量を調整します。

球形のガスホルダー（通称、ガスタンク）は、ガスの消費量に合わせて、ガスを出し入れする働きがあります。中圧ガバナで低い圧力に調整された後、導管により送り出されたガスは高圧ガバナで圧力を調整します。

高圧ガスは1MPa以上の圧力で、パイプは高圧導管と呼ばれます。中圧は0.1MPa以上、1MPa未満、低圧は0.1MPa未満（2.5kPa程度）の圧力で、おのおのパイプは中圧導管、低圧導管と呼ばれます。

都市ガス管の材質は高圧管に鋼管、合成樹脂被覆鋼管、中圧管にポリエチレン管（PE管）、ダクタイル鋳鉄管、低圧管にPE管、が主に使われます。PE管の管と管継手の接合は次の方法によります。

ヒートフュージョン（HF）接合：一定温度に加熱されたヒータをPE管の接合面に密着させ、加熱溶融した後、溶融した接合面同士を加熱しながら、圧着することにより一体化させて融着させます。

エレクトロフュージョン（EF）接合：継手製造時に加熱用伝熱線を継手内面に埋込み、固定治具を用いて継手と管を固定後、コントローラから電熱線に電気エネルギーを供給して発熱させ、継手内面と管外面を同時に溶融し接合します。コントローラの使用により、作業者は通電開始ボタンを押すだけで、融着が終了します。

スピゴット継手は、接続端が管と同じ径で、HF継手に差し込み、HF接合で接続する継手です。

要点BOX
- ●ガス製造工場で液化ガスを気化してガスとする
- ●ガスホルダーで供給量と消費量の差を吸収する

都市ガスの輸送

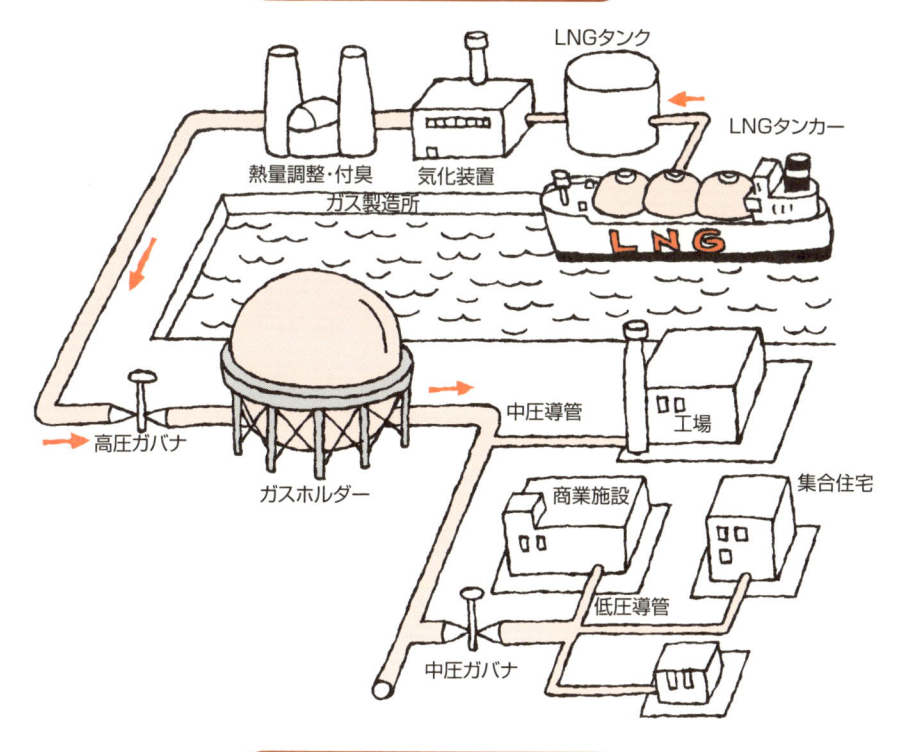

中圧・低圧導管のあらまし

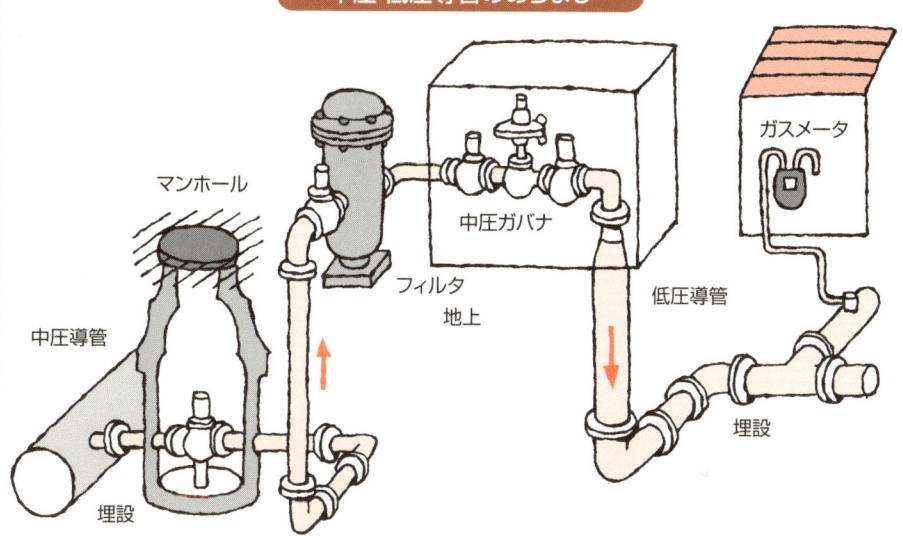

スプリンクラー設備と屋内消火栓設備

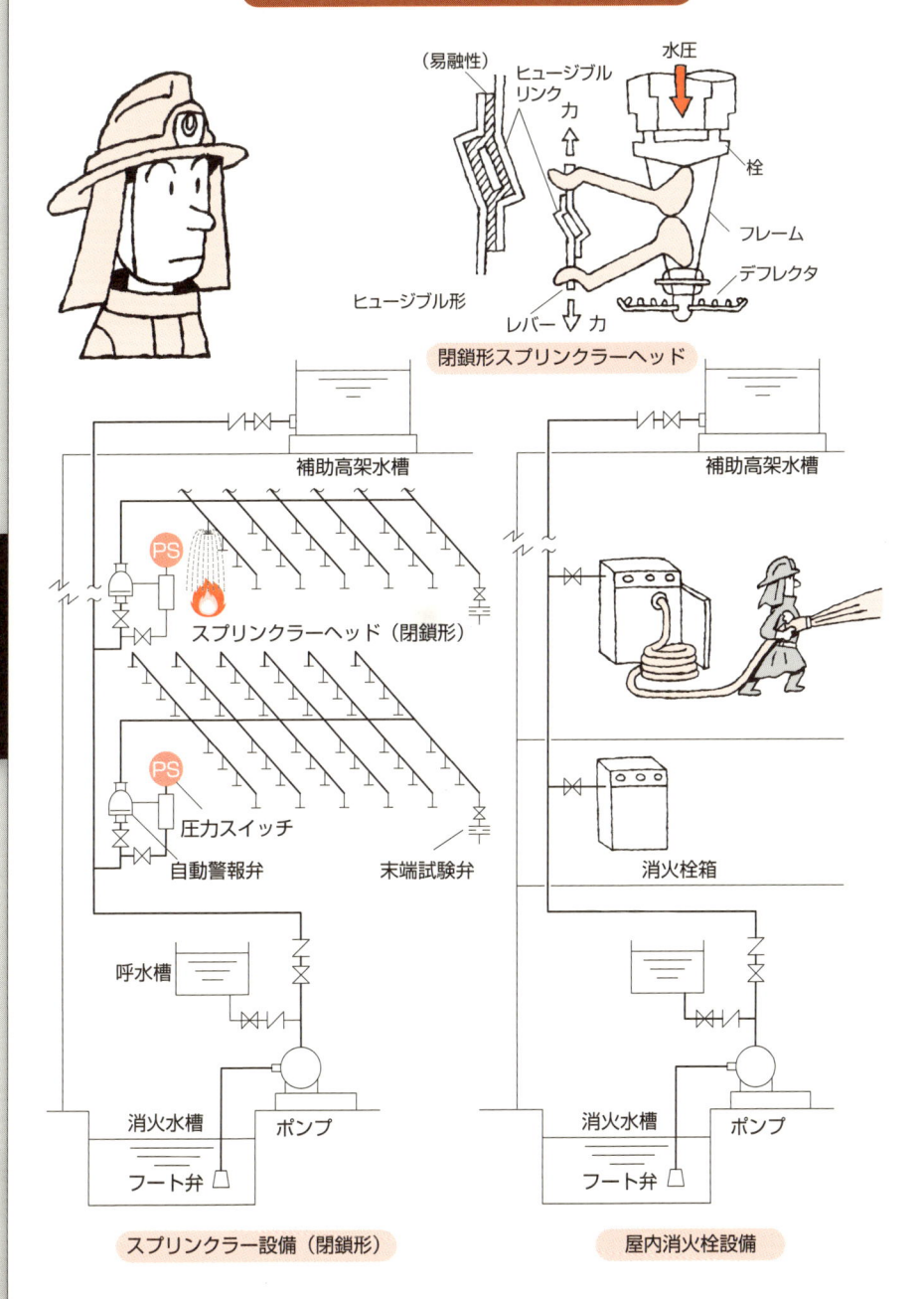

閉鎖形スプリンクラーヘッド

（易融性）
ヒュージブルリンク
力
ヒュージブル形
レバー　力

水圧
栓
フレーム
デフレクタ

スプリンクラー設備（閉鎖形）

補助高架水槽
スプリンクラーヘッド（閉鎖形）
PS　圧力スイッチ
自動警報弁
末端試験弁
呼水槽
消火水槽
ポンプ
フート弁

屋内消火栓設備

補助高架水槽
消火栓箱
消火水槽
ポンプ
フート弁

● 第2章　いろいろな場所で活躍する配管

14 オイルタンカーの配管

上甲板には貨物油管と水消火配管が走る

船としての機能を発揮するための装置や装備を総称して艤装といい、その内の管を管艤装といいます。

① 船を安定させるバラスト水（船の重心を下げるために船に積み込む海水）をバラストタンクに注水、排水するバラスト管、船体構造の壁につく露などにより船底に溜まる汚水（ビルジという）を除去するビルジ管、タンクの空気抜管。

② 各種消火配管。

③ 小径管では、燃料移送管、油圧管システムなど。また、清水の不足を補うため海水を使用する場合、海水用配管。

④ 船に居住するための配管、空調用ダクト・管などがあります。

⑤ 貨物油配管
タンカーの場合は、

タンカーは座礁したり衝突したりして、船体に穴が開いても、積荷の油が海中に流出しないように、船底や側壁が二重化されたダブルハル（二重船殻）構造となっていますが、荒天の場合で、荷が軽い場合は、空の貨物油タンクもバラストタンクとして使えるような配管装置となっています。

タンカーの貨物である油を移送する、上甲板、貨物油タンク、ポンプ室間をつなぐ配管を「貨油管システム」といいます。

貨物油の積込みは、送油管を陸上のローディングアームにより、タンカー側の接続口である上甲板の両舷側に設置されたローディングステーションの「カーゴマニホールド」に接続し、陸側のポンプにより上甲板下の貨物油タンクに移送します。貨物油の揚荷は、船のポンプ室にある貨物油ポンプを使い、ローディングステーションより陸揚げします。

要点BOX
- オイルタンカーにはバラスト管、ビルジ管、消火配管、燃料移送管、貨物油管などがある
- 上甲板のローディングステーションで油を移送

タンカーの断面と上甲板の配管

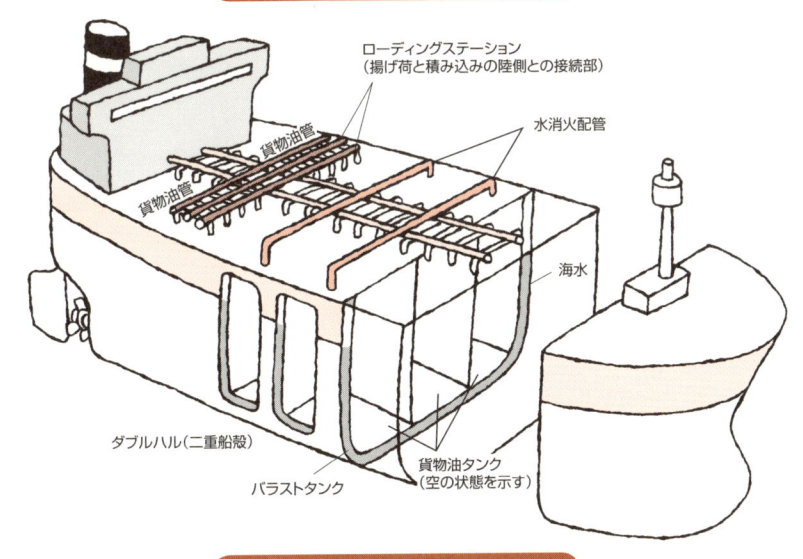

- ローディングステーション（揚げ荷と積み込みの陸側との接続部）
- 水消火配管
- 貨物油管
- 貨物油管
- 海水
- ダブルハル（二重船殻）
- バラストタンク
- 貨物油タンク（空の状態を示す）

貨物油／バラスト水管系統図

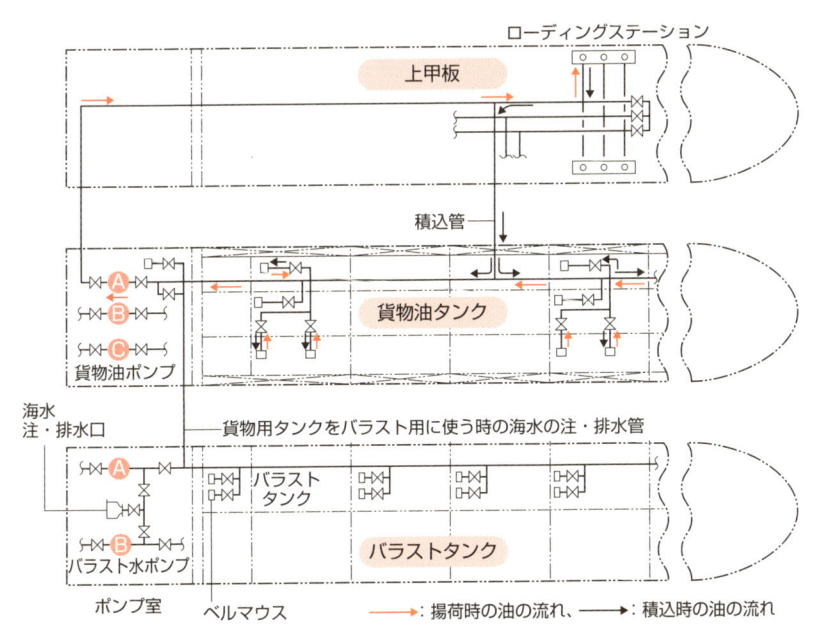

- ローディングステーション
- 上甲板
- 積込管
- 貨物油タンク
- Ⓐ Ⓑ Ⓒ 貨物油ポンプ
- 海水注・排水口
- 貨物用タンクをバラスト用に使う時の海水の注・排水管
- Ⓐ バラストタンク
- Ⓑ バラスト水ポンプ
- ポンプ室
- ベルマウス
- バラストタンク

⟶ ：揚荷時の油の流れ、⟶ ：積込時の油の流れ

（おのおの２または３ラインあるが、代表して１ラインのみを示した）

（本項は「船体艤装光学」福地信義、他著、成山堂書店、他を参考にした）

● 第2章　いろいろな場所で活躍する配管

15 ロケットエンジンの配管

ロケットも配管なしには宇宙へ行けない

H-IIAロケットは宇宙開発事業団（NASDA）と後継法人の宇宙航空研究開発機構（JAXA）と三菱重工業が開発し、三菱重工業が製造および打上げを行う人工衛星打上げ用液体燃料ロケットです。2013年1月の打上げで、連続16回打上げに成功しています。そのエンジンは第1段がLE7A、第2段がLB5Aと呼ばれます。

LE7Aエンジンは2段燃焼サイクルを採用しており、ロケットのタンクや機体とエンジンを接続する推進薬供給配管は、高圧・極低温の液体水素約マイナス250℃、液体酸素約マイナス180℃、いずれもポンプ出口圧27MPaの流体を扱い、また、燃焼タービン駆動ガスは約450℃、約21MPaの高圧・高温の流体です。このようにロケットエンジンの配管やコンポーネントは、苛酷な温度・圧力条件の流体を扱い、また、ロケット噴射に伴うさまざまな振動にもさらされるので、それらに耐えられるようなさまざまな構造となっています。

推進薬供給配管は液体水素、液体酸素、共に口径177ミリの断熱施工された大口径管により接続されています。ロケットの飛行方向を制御する機能としてエンジンにはノズルスカートが推進方向に駆動するようジンバリング機能があります。ジンバリングはエンジンの上部にジンバルマウントがあり、ここを約10度の範囲で駆動します。このため、こうした機体やタンクと接続する配管類には真空断熱施工された二重配管ベローズやシールドで保護されたベローズが装着されています。エンジンと機体を接続する配管は推進薬供給配管のほかに補助エンジンガスの供給配管、水素タンク加圧配管、酸素タンク加圧配管など十数本あり、三次元的に駆動できるようにおのおののベローズが配置されています。ベローズは、ジンバリングによる変形範囲やその作動耐久性のみならず、作動流体と連成した激しい振動や、疲労破壊を起こすこともある流体関連振動にも十分注意が払われています。

要点BOX
- 高圧・極低温、高圧・高温の配管がある
- ノズルスカートのジンバリング機能に対応するため、特殊なベローズを装着した配管がある

ロケットエンジンのシステム系統図

- LH₂
- GH₂プリバーナ点火器
- プリバーナ液酸バルブ
- LOX
- OOX
- LH₂
- 液酸予冷バルブ
- プリバーナ
- 液水ターボポンプ
- 液酸ターボポンプ
- 液酸メインバルブ
- メイン点火器
- 液水予冷バルブ
- GOX熱交換器
- 水素系の流れ
- 酸素系の流れ
- 燃焼ガスの流れ
- 液水メインバルブ
- 主燃焼室
- ノズルスカート

LE 7A ロケットエンジン

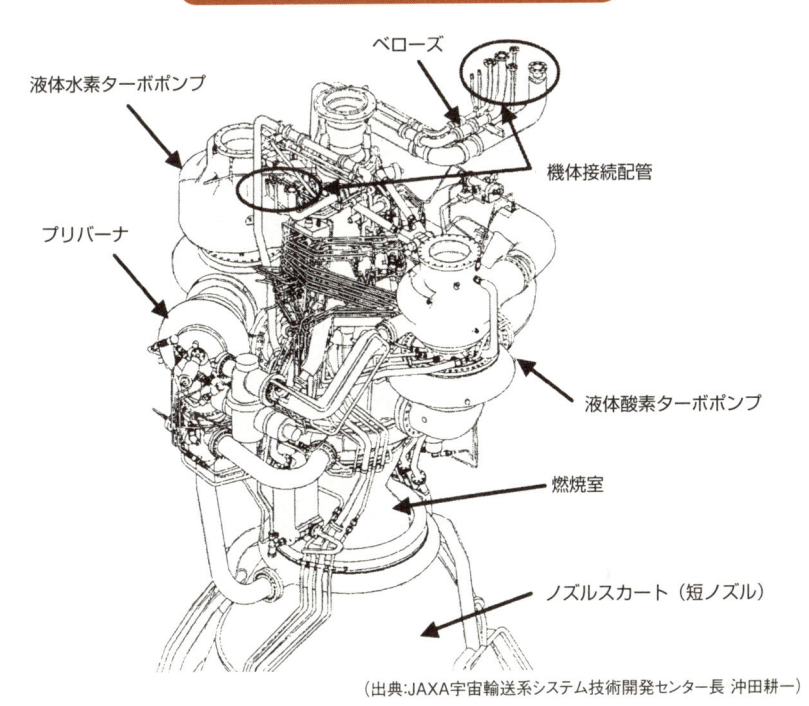

- 液体水素ターボポンプ
- ベローズ
- 機体接続配管
- プリバーナ
- 液体酸素ターボポンプ
- 燃焼室
- ノズルスカート（短ノズル）

（出典：JAXA宇宙輸送系システム技術開発センター長 沖田耕一）

16 粉を運ぶ配管

錠剤や米をパイプで運ぶ

管が運ぶ流体は気体、液体に限りません。穀物、プラスチック原料の粉末、セメント、錠剤など（これらを総称して「粉体」という）の固体を配管内の空気流で輸送することができ、輸送距離が2キロメートルに及ぶものもあります。なお、輸送媒体としては、水は、粉体の濡れや変質、輸送後の分離困難から一般に使われません。また粉体輸送にはパイプ以外に振動コンベア、バケットコンベア、スクリューなどがあります。

管内の流動形態は、粉体／空気の流し方と両者の混合比により、下図に示す形態があります。

① 流体は気体と固体の2相流となる。

② 固体は密度が気体や液体より重く、また流動性も悪い。したがって、輸送管の途中で滞留し、閉塞（詰まり）が起きやすい。粒子の速度は流動形態により、空気流速の0.1から0.8倍程度となる。

③ 圧力損失が気体や液体より大きい。流動状態と流速によるが100メートル当たり0.01～0.3MPa程度。

粉体のパイプ輸送には、圧送方式と吸引方式があります。圧送方式は、粉体の供給タンクにコンプレッサで空気を吹き込んで圧送します（上図）。供給タンクから粉体がホッパへ逆流しないよういろいろ工夫がされています。粉体は供給タンクに断続的に供給されるため、通常粉体の流れは供給・停止を繰り返す「バッチ処理」となりますが、連続的に輸送できるようにしたものもあります。

吸引式は真空ポンプを管路の最下流に設置し、供給源の大気圧と真空ポンプの負圧間の差圧で輸送します。粉体輸送のパイプには、粉体の特徴を考慮に入れた工夫と設計が必要になります。たとえば、

① 管の曲りの曲率半径は大きくとる。

② 粉体が管の途中において滞留、閉塞の可能性ある場合はそれら現象を検出、解消する方法、など。

要点BOX
- ●固体も空気流に乗せ配管で運ぶことができる
- ●輸送方式に圧送式と吸引式がある
- ●圧力損失が大きく滞留、閉塞しやすいので注意

空気輸送

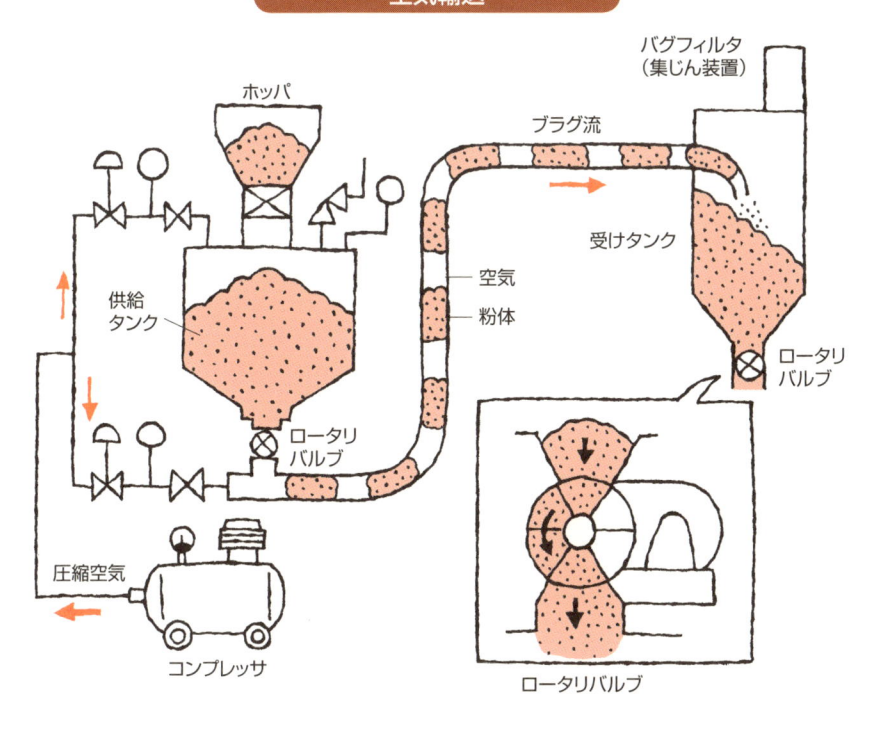

- ホッパ
- バグフィルタ（集じん装置）
- ブラグ流
- 受けタンク
- 空気
- 粉体
- 供給タンク
- ロータリバルブ
- ロータリバルブ
- 圧縮空気
- コンプレッサ
- ロータリバルブ

管内の粉体流動形態

ブラグ流：空気流速は遅い。粉体は飛ぶことなく集団を形成して移動

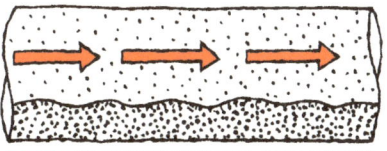

管底流：空気流速は比較的遅い。粉体は管底部に集中

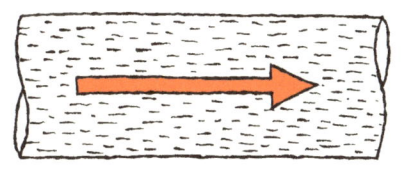

浮遊流：空気流速は速い。粉体は飛翔しながら移動

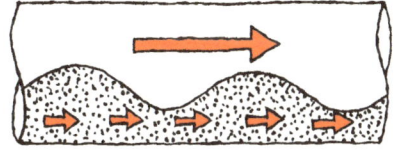

流動化流：空気流速は速い。粉体は砂丘のように移動

用語解説

バッチ処理：〔材料受入れ→処理→次工程へ送る〕のサイクルをくり返す処理方法

●第2章 いろいろな場所で活躍する配管

17 石油化学プラントの配管

パイプラックはメインストリート

「プラント」とは一般に、石油精製、石油化学、鉄鋼、セメント、紙パルプ、食品、製薬など、いわゆるプロセス工業を指し、さらには火力、原子力など電力プラントを含めることもあります。

しかし、プラントを代表する配管といえば、石油精製プラントと石油化学プラントです。化学プラントには、エチレン、アンモニア、肥料の他、数々の有機化学製品を製造するプラント、またLNG（天然ガスを低温で液化したもの）を製造、気化、貯蔵するプラントなどがあります。

有機化学製品を工業的に製造する方法、装置を「有機プロセス」といい、それらの装置間をつなぐ配管を「プロセス配管(Process Piping)」と呼びます。

ほとんどの産業に使われている配管は一般に、縁の下の力持ち的存在であることが多い中で、化学プラントでは、膨大な数量のパイプ、管継手（フィッティング）、弁、サポートなどが使われており、装置・機器よりも配管が主役といっても過言ではありません。化学プラントの配管は、プロセス配管と「ユーティリティ配管」の2つに分類することができます。

プロセス配管は、原料を分離、精製して製品、副産物、廃棄物として取り出すために、原料や生成物を装置から装置へ送る配管のことです（上図参照）。

ユーティリティ配管は、プロセス機器、配管の機能をサポートするために必要な水、空気、蒸気、燃料、窒素などを送る配管を指します。

プロセス配管は特殊な場合を除き、パイプラックを軸とした屋外の空中配管です（下図参照）。パイプラックは、離れたプロセス機器、ポンプ、圧縮機などを繋ぐプロセス配管、および蒸気、空気、水などのユーティリティ配管、計装用・電気ケーブルなどを載せる長い棚のようなもので、配管のメインストリートであり、曲りの少ないハイウエイでもあります。

44

要点BOX
●石油・化学プラントの主役は配管
●プロセス配管とユーティリティ配管とがある
●パイプラックはプラントレイアウトの要

化学プラントのプロセス

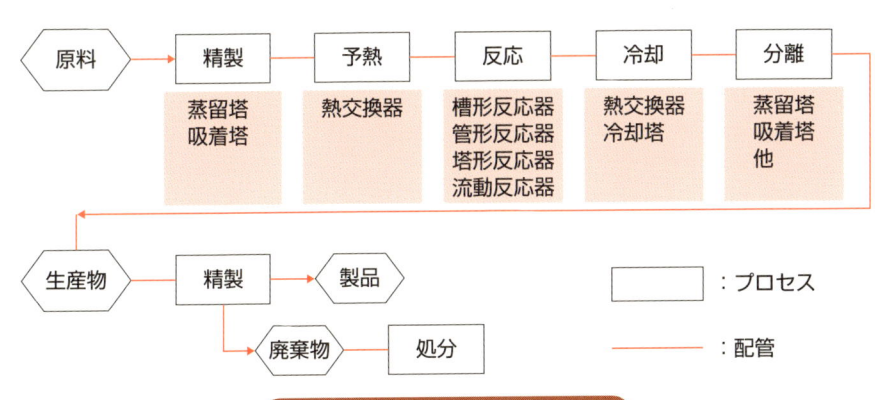

```
原料 → 精製 → 予熱 → 反応 → 冷却 → 分離
       蒸留塔  熱交換器 槽形反応器 熱交換器 蒸留塔
       吸着塔         管形反応器 冷却塔   吸着塔
                     塔形反応器          他
                     流動反応器
```

```
生産物 → 精製 → 製品
         ↓
         廃棄物 → 処分
```

☐ ：プロセス
── ：配管

石油化学プラントは配管が主役

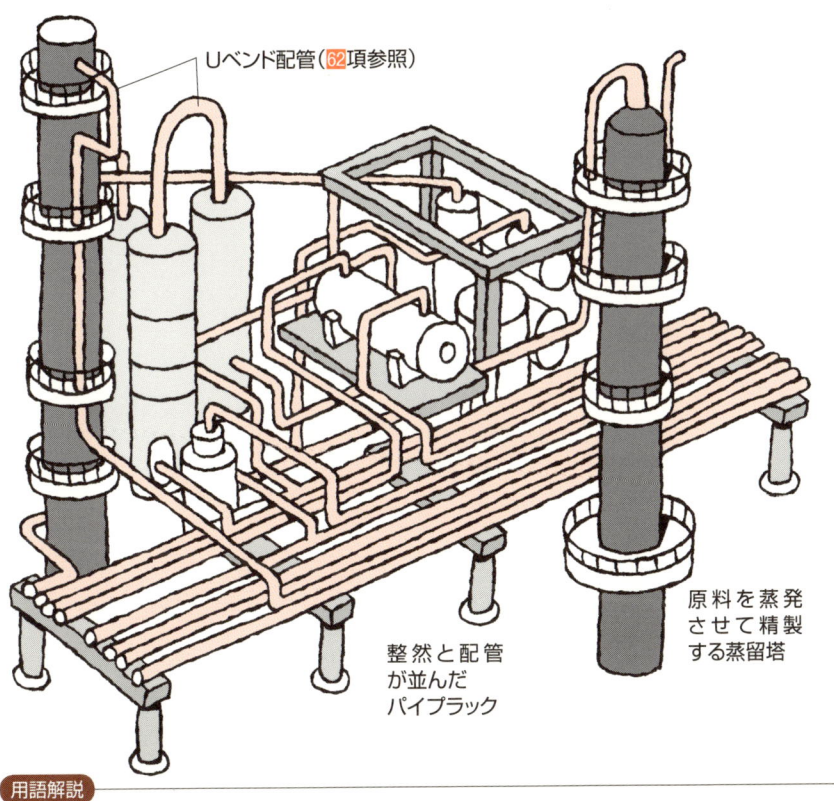

Uベンド配管（62項参照）

整然と配管が並んだパイプラック

原料を蒸発させて精製する蒸留塔

用語解説
石油精製：原油を精製して燃料油、石油化学製品などを製造する工業
エチレン：原油の熱分解によって得られる．ポリエチレン、塩化ビニルなどの化学製品の原料

18 火力発電プラントの配管

赤熱している主蒸気配管

火力発電所は、石炭や天然ガスなどの化石燃料を燃やして、水をボイラで高温蒸気に変え、その蒸気のエネルギーでタービン(羽根車)を回し、タービンによって駆動される発電機で発電するプラントです。

火力発電の方式には、ボイラで燃料を燃やし、蒸気を発生させ、蒸気タービンと発電機を回す気力発電、燃焼室で燃料を圧縮空気に混ぜて燃やした高温ガスでタービンと発電機を回すガスタービン発電、ガスタービンの排気を使って、排熱回収ボイラで蒸気をつくり、蒸気タービンをまわし、ガスタービンと蒸気タービン両方で発電機をまわす「コンバインド発電」があります。

ここでは、気力発電の配管を取り上げます。気力発電所で圧力の最も高い配管はボイラ給水ポンプでボイラへ水を供給する高圧給水管、また温度の最も高い配管はボイラからタービンへ蒸気を送る主蒸気管または高温再熱蒸気管です。主蒸気の圧力、温度を上げるほど、熱効率がよくなるので、下図のように、年とともに右上がりで上昇し続けています。

最新鋭の気力発電所の主蒸気圧力は31MPa、温度は610℃です。主蒸気管は保温を剥ぐと赤々と赤熱しているのがわかります。主蒸気管に使用する鋼管は温度538〜566℃あたりまでは、STPA24(クロム、モリブデンの入った低合金鋼)がよく使われていますが、近年は更なる高温化のため、高温におけるクリープ強度の一層強い材料が使われます。

配管は他に、蒸気タービンで仕事を終えた蒸気を復水器で水に戻す(復水という)ための大量の冷却水を海や川から取り込み、また戻す大口径の循環水管や、復水器から復水を復水ポンプで脱気器(蒸気で加熱して水中の酸素を取り除く装置)まで送る復水管、熱効率改善のため、タービンの途中段落から給水加熱用蒸気を抽気する管、給水加熱器ドレン管などがあります。

要点BOX
- 主蒸気管は31MPa、610℃に達するものも
- 高効率化へ高温強度の材料が待たれる
- 他に高圧給水管、復水管、循環水管など

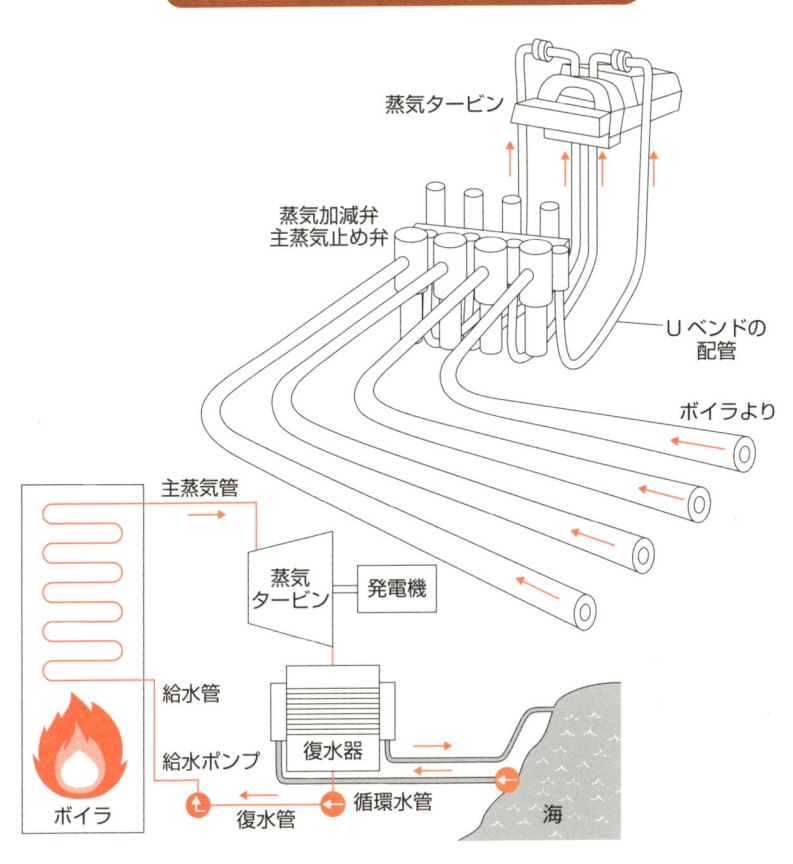

発電用蒸気タービン駆動用の主蒸気管

蒸気タービン
蒸気加減弁
主蒸気止め弁
Uベンドの配管
ボイラより

主蒸気管
蒸気タービン
発電機
ボイラ
給水管
給水ポンプ
復水器
復水管
循環水管
海

火力発電所の主蒸気管圧力・温度の変遷

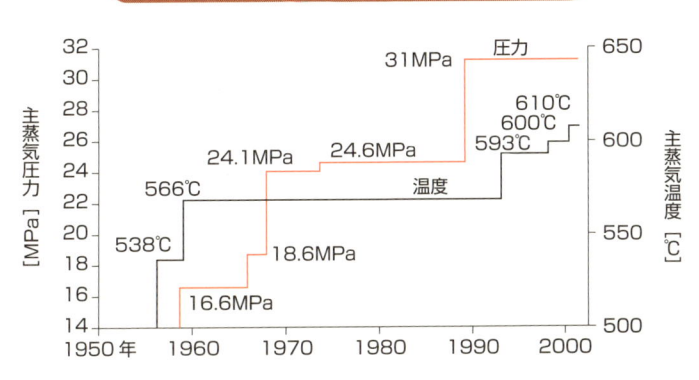

主蒸気圧力 [MPa]
主蒸気温度 [℃]

31MPa 圧力
24.1MPa　24.6MPa
18.6MPa
16.6MPa

650℃
610℃
600℃
593℃
566℃
538℃
温度

1950年　1960　1970　1980　1990　2000

● 第2章　いろいろな場所で活躍する配管

19 パイプライン

大陸的据付工法のスプレッド工法

パイプラインとは、「流体」をある程度の距離運ぶパイプ設備をいいます。「流体」は石油、天然ガスが一般的ですが、穀物や石炭、セメントなども対象です。パイプラインは設備にコストがかかりますが、いったん敷設されると、低コストで連続的に大量の流体状のエネルギーを輸送する手段となります。

ヨーロッパ、ロシア、中近東、米国などには複数の国に跨る数千キロメートルに及ぶパイプラインが存在し、また今後も計画されています。それらの地域では埋設されるパイプラインの敷設にはスプレッド工法が採用されています。

スプレッド工法は、パイプラインを5〜6キロメートルの長さをもって1つの工区とし、パイプラインのルートに沿って、幅20メートル程度の「ライトオブウェイ」を設定し、この長いベルト地帯が作業場所となります。ライトオブウェイ上に施工手順ごとに作業を分業化し、広がって、仕事を展開します。各作業単位の建設機械と作業員は、分担する作業だけを連続して施工し、全体として工事が一方向へ進行します。

据付ける配管は、単長12メートル、またはあらかじめ2本繋いだ24メートルものパイプで、鉄道または一般道路で運ばれてきて、ライトオブウェイ上に配列されます。掘削チームはラインルートに沿って掘削機により、必要な溝を掘っていきます。トレンチャーという掘削機は地質さえよければ、一日に数キロメートル掘り進むことができます。配管作業は、開先合わせチームがライトオブウェイ上に配列されたパイプをセット、開先合わせすることから始まります。その作業が完了すれば、溶接、検査、管吊おろし、埋戻しの各チームへと引継がれていきます。上図のスプレッド工法では、作業は右方向へと進んでいきます。スプレッド工法は、非常に能率的な工法なので、一日に1キロメートルも配管を伸ばしていけます。

要点BOX
- 数千キロメートルにおよぶパイプラインも
- 大陸ではパイプライン敷設にスプレッド工法
- 一日に1キロメートルの埋設管敷設

埋設パイプラインの施工（スプレッド工法）

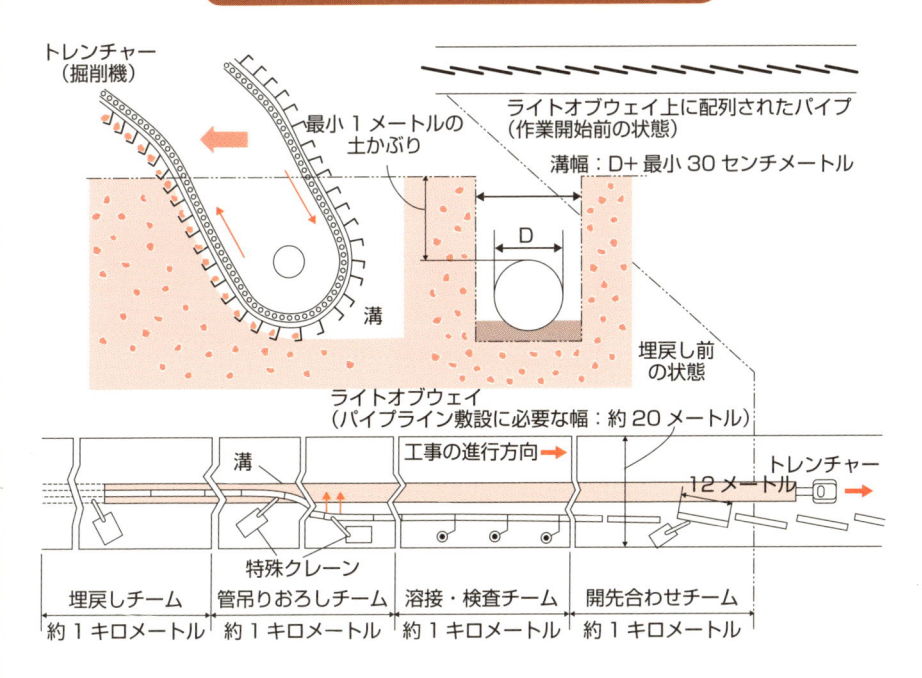

- トレンチャー（掘削機）
- 最小 1 メートルの土かぶり
- ライトオブウェイ上に配列されたパイプ（作業開始前の状態）
- 溝幅：D＋最小 30 センチメートル
- 溝
- 埋戻し前の状態
- ライトオブウェイ（パイプライン敷設に必要な幅：約 20 メートル）
- 工事の進行方向 →
- 12 メートル
- トレンチャー →
- 溝
- 埋戻しチーム（約 1 キロメートル）
- 特殊クレーン 管吊りおろしチーム（約 1 キロメートル）
- 溶接・検査チーム（約 1 キロメートル）
- 開先合わせチーム（約 1 キロメートル）

地上の石油パイププライン

野生動物がパイプラインの下を移動できるようにしている

トランス-アラスカパイプライン
アラスカを南北に縦断する石油パイプライン。全長1284キロメートル。一部、永久凍土の上を行く

● 第2章 いろいろな場所で活躍する配管

20 人体の管

地球上、最初のパイプ

人の体は血管、リンパ管、食道、気管、腸管、胆管、卵管、尿道、汗線、内分泌線、乳腺、涙腺…等々無数の管から成り立っています。ここでは管を代表して血管について説明します。

人間の血管は9万キロメートル、地球を2・25周できる長さがあるといわれ、心臓から送り出された血液は全身を巡ったのち、また心臓へ戻る「管路網」を形成しています。口径は、太い方が大動脈の25ミリ、細い方が毛細血管の4マイクロメートルです。

血管は、心臓の左心室（ポンプに相当）を出た大動脈が多くの動脈の枝を出し、その枝が頭部、腹部、四肢へ到り、さらに分岐を重ねて毛細血管となります。毛細血管は身体、臓器を構成する組織に酸素と栄養を供給します。供給を終えた毛細血管は、今度は組織から二酸化炭素と老廃物を吸収し、集まって静脈に入り、静脈は合流を繰り返して、大静脈となって右心室（もう1台のポンプ）に入ります。右心室

より送り出された血液は肺動脈により、肺に送られ、そこで二酸化炭素を放出し、酸素を取り込み、肺静脈を通り、左心室へ戻ります。

静脈中の老廃物は、左心室を出た大動脈から分かれた腎動脈により、血液と共に腎臓へ送り込まれ、腎臓で老廃物が濾過されます。濾過された血液は大静脈に合流し右心室へ戻ります。

血圧は左心室が収縮して血液を送り出すとき最大血圧に、左心室が拡張して肺から血液を受け取るときに最小血圧となります。最大血圧は普通の人で15kPa（120mmHg）程度です。血液の流速が速ければ圧力損失が増え、血圧が上がり、血管の弾力性がなければ、血圧の上昇に追従して血管を拡張させられないので、血圧がより高くなります。血液を送り出したときは流速が速くなるので、血圧が上がり、また、動脈硬化になると、血管が細くなり流速が速くなるのと、血管の弾力性低下で、血圧が上がります。

要点BOX
- 人体には血管をはじめとして、無数の管がある
- 人の血管の長さは9万キロメートルにおよぶ
- 血液の流速が上がれば血圧が上がる

人の管路網

脳毛細血管

流速：0.67m/s（乱流）

一番太い血管：口径25ミリ

大動脈
流速：0.27m/s
（層流）

肺動脈

右心室　左心室

肺毛細血管

大静脈　肺静脈

胃・腸毛細血管

腎臓毛細血管

流速：
0.11〜0.16m/s
（層流）

身体下部毛細血管

1番細い血管：口径4マイクロメートル

流速：
0.005〜0.01m/s
（層流）

➡ 動脈
⇨ 静脈

用語解説

1マイクロメートル：100万分の1ミリメートル

Column

地上最小のチューブ

カーボンナノチューブは直径が10億分の1メートル（ナノメートル）前後、長さは直径の1000倍程度です。その管壁に当たる部分は、各角に炭素の原子を配列した正六角形を蜂の巣状に連ねた平面的シート（グラファイトという）をチューブ状に丸めたものです。

ナノチューブには、チューブ両端が開口しているものと、両端にフラーレンという球を半分に切った半球状のものがつながっていて、チューブの口を塞いでいるものがあります。また、単体のチューブと、径の大きなチューブの中に径の小さなチューブが数層入れ子のように入ったチューブとがあります。

1991年日本で最初のナノチューブ（人工で作ったもの）が発見されましたが、それは後者の方でした。

ナノチューブは電子顕微鏡でやっと見える程度の余りに小さいチューブなので、残念ながら流体を通すことはできません。しかし、このチューブは現在われわれが使っている材料をはるかに凌駕する優れた性質をもっています。原子結合の中で最強といわれているグラファイトのシートを巻いてできているので、きわめて曲げや引張りに強く、かつ多くの薬品とも反応せず、非常に安定した性質をもっています。また、表面積が大きく、内部に筒状の中空の空間をもっていて、多くの分子を吸着したり、内包することができます。また、銅の千倍も電気を通す良導体にも、半導体にもなるという電子材料としても優れた特性をもっています。この優れた特性を利用して燃料電池、水素貯蔵装置、電子機器、さらには宇宙エレベータのロープとしての応用も考えられています。

このように多くの期待を集めているナノチューブですが、純度の高いナノチューブの大量生産技術が未発達など、実用化するいくつかの課題があり、実用化されたのはテニスラケットのフレーム程度しかありません。

しかし、今後これらの問題は解消され、そう遠くない将来、ナノチューブの時代が来るものと思われます。

（産業総合研究所ナノチューブ応用研究センターHPより）

第3章
配管を形づくる要素

21 配管という装置

配管が具備すべき条件

配管の機能は流体をある場所(装置)へ、管の中を通して輸送することです。配管はその機能を満足するように、設計、製作、施工されなければなりません。配管が、その施設の寿命の間、適切な保守のもとに持続して配管であるために具備すべき条件は次のようなものです。

① 内部流体の圧力に耐える強度のあること。
② 流体が小さな損失水頭でスムーズに移動できるように、内面が滑らかなこと。
③ 起点から終点まで、最適のルートをとれるように方向変換ができること。
④ 流体の合流、分岐ができること。
⑤ 流体の移動、停止、流量調整ができること。
⑥ 配管は熱膨張による伸びを逃がし、かつ容易には振動しない、適度な剛性をもっていること。
⑦ 流体の状態を知るため、必要な計器を取り付けられること。
⑧ 配管は定められたルートの位置・高さを保持されること。

以上の機能を備えるため、配管には次のような装置、部品が準備されています(これら配管を構成する要素を「配管コンポーネント」という)。

管(パイプ):流体を直進して移送するための最も基本的な材料です。

管継手(フィッティング):流れを曲げ、分岐、合流し、口径を変更し、流れを塞ぐ、などの働きをする部品です。

弁(バルブ):流れを移動させ、停止させ、逆流を防ぎ、調節する機能をもつ装置です。

配管支持装置(ハンガ・サポート):配管を建屋内の所定のルートやパイプラック上に保持するための装置です。振動抑制、耐震用のものもあります。

配管の機能を満足させるために、配管装置として組まれた一例を図に示します。

要点BOX
- 配管の機能は流体をある場所から他の場所へ必要な量を輸送、また停止できること
- そのために管継手、弁、管支持装置などが必要

配管を構成する要素

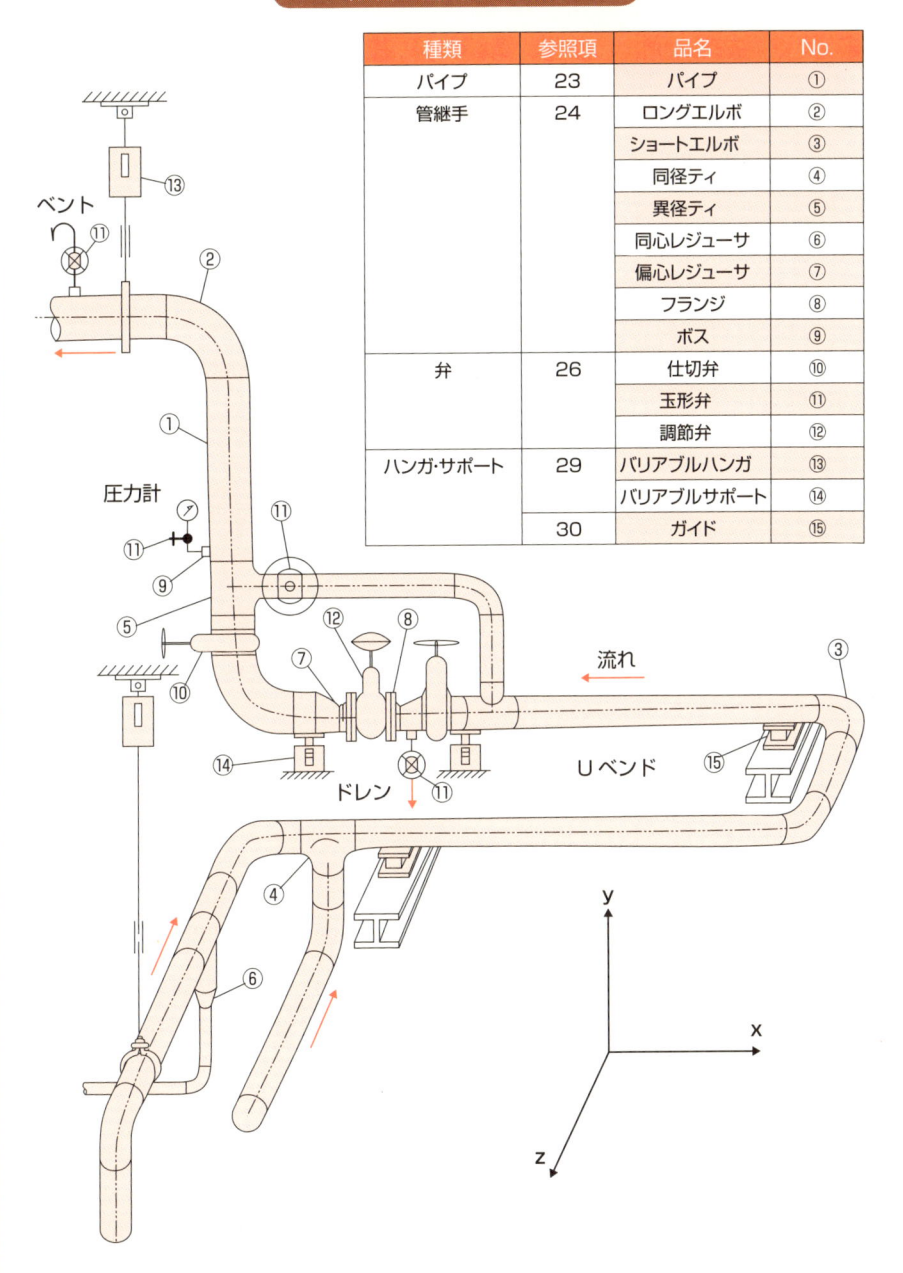

種類	参照項	品名	No.
パイプ	23	パイプ	①
管継手	24	ロングエルボ	②
		ショートエルボ	③
		同径ティ	④
		異径ティ	⑤
		同心レジューサ	⑥
		偏心レジューサ	⑦
		フランジ	⑧
		ボス	⑨
弁	26	仕切弁	⑩
		玉形弁	⑪
		調節弁	⑫
ハンガ・サポート	29	バリアブルハンガ	⑬
		バリアブルサポート	⑭
	30	ガイド	⑮

ベント
圧力計
流れ
Uベンド
ドレン

22 管の材質

プラスチック管の目ざましい普及

現在使用されている管の材質は、産業の発展に伴う、流体温度・圧力条件の増大、流体種類の拡大、使用環境の拡張により、金属、非金属、共に多種多様にわたり、今も新しい材料が生まれつつあります。

産業界で最も多く使われているのは、金属製の管で、その中の鋼（スチール）の使用が他を圧倒しています。

鋼は鉄に多少の炭素を含んだ材料で、強度が高く、延性があり、降伏してもまだ破壊しない強い靭性を持っています。また通常の状態にあれば劣化もほとんどしません。錆びやすい鋼の欠点を補うため、鋼管表面に樹脂を塗覆装（厚めの塗装をいう）したり、ライニングしたものもあります。さらに高温、常温強度の高い鋼、耐食性の優れた鋼の開発が続いています。

鋼以外では、鋳鉄管は、古くからある材料で、衝撃に弱く脆いという欠点がありますが、埋設配管では鋼より腐食し難い利点があるので、延性をもったダクタイル鋳鉄（球状黒鉛鋳鉄ともいう）が上・下水道な

どに使われています。

非鉄金属は腐食性の強い流体や高温流体にニッケルやニッケル合金が使われます。またアルミニウム合金は軽いので、航空機用のパイプ・チューブに使われます。他にチタン、銅系などの合金材料があります。

樹脂（プラスチック）は、軽い、延性に富む、錆びない、などの長所がある一方、鋼に較べ強度が小さい、熱に弱く約60〜100℃で軟化する、ヤング率と熱膨張率が大きい、経年劣化する、紫外線に弱い、などの弱点があります。しかし、その長所を生かして建築設備配管や埋設配管（地震に強い）などに多く使われており、今後さらに広い用途に使われていくことでしょう。また、ガラス繊維に樹脂を浸み込ませた高強度のFRPやGRPと呼ばれる管も使われています。

コンクリート類は外圧（土圧）に強く耐食性があるため、鉄筋で補強したコンクリートヒューム管が大口径の埋設管に、また陶管や土管も使われています。

要点BOX
- 鉄系の鋼管が圧倒的に多く使われている
- 高温強度、耐食性から合金鋼が伸びている
- プラスチック管は耐食性と柔軟性に富む

管の材質

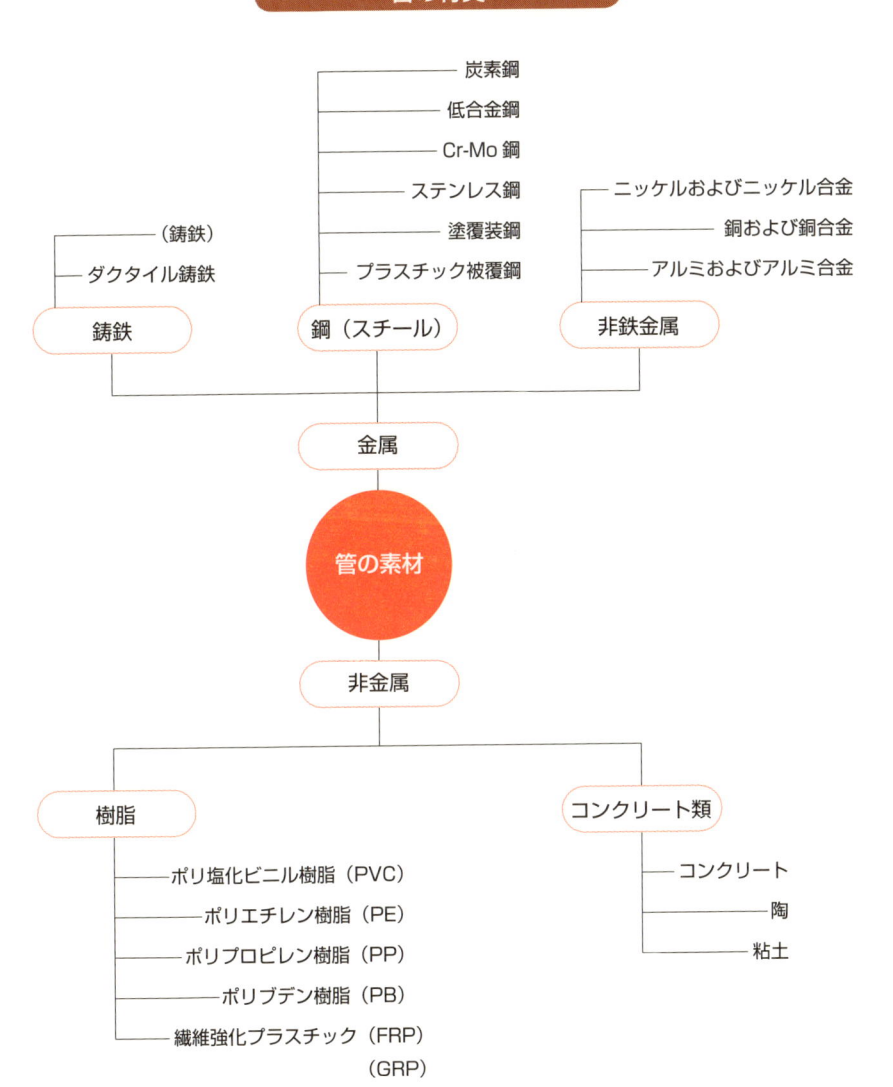

- 鋳鉄
  - （鋳鉄）
  - ダクタイル鋳鉄
- 鋼（スチール）
  - 炭素鋼
  - 低合金鋼
  - Cr-Mo 鋼
  - ステンレス鋼
  - 塗覆装鋼
  - プラスチック被覆鋼
- 非鉄金属
  - ニッケルおよびニッケル合金
  - 銅および銅合金
  - アルミおよびアルミ合金

→ 金属

管の素材

→ 非金属

- 樹脂
  - ポリ塩化ビニル樹脂（PVC）
  - ポリエチレン樹脂（PE）
  - ポリプロピレン樹脂（PP）
  - ポリブデン樹脂（PB）
  - 繊維強化プラスチック（FRP）（GRP）
- コンクリート類
  - コンクリート
  - 陶
  - 粘土

用語解説

FRP（Fiberglass Reinforced Plastics）、**GRP**（Glass-Fiber Reinforced Plastics）：熱硬化性樹脂（不飽和エステル樹脂）を、ガラス繊維で補強した 高強度、高耐蝕性複合材料パイプ。ガラス繊維を強調したいとき、後者の名称を使う

23 鋼管のサイズ

スケジュール番号は一種の圧力クラス

鋼管の口径と厚さは日本ではJIS、米国ではASME（アメリカ機械工学会）で決められています。

口径は通常「外径寸法」が使われ、呼ぶときは切りのよい「呼び径」（呼称口径ともいう）が使われます。呼び径はmmで呼ぶときをA系、インチで呼ぶときBをつけます（B系）。呼び径の値は300Aまでは内径寸法に近く（これは米国で初期の鋼管規格ができた時、IPSと呼ばれる基準で管が製作されていたのが踏襲されているため）、350A以上は外径寸法に近くなっています。径の口径の間隔は100A以下は1/4または1/2インチごと、300A以下の外径寸法はJISとASMEで若干異なります。左表にJISのA系、B系呼び径と外径寸法の例を示します。

鋼管の厚さは米国で定められたもので、使用できる最高圧力でクラス分けし、各クラスにスケジュール番号（略号Sch.）という呼び名を付けました。ただし、特に大口径や極厚の管には適用されません。厚さの薄い方から、Sch. 20、30、40、60、80、100、120、140、160があります。使用できる圧力は、Sch. 40の場合、おおよそ4MPa、Sch. 80の場合、おおよそ8MPaのように使用可能圧力のおおまかな目安をつけることができます。

なお、古い厚さ系列のウェイト式は[7]項を参照してください。また、ステンレス鋼管は、より薄い管が使用されるので、ステンレス鋼管用厚さとして別シリーズがあり、スケジュール番号の後にSをつけて、10S、20S、のように呼びます。

下図は、各スケジュール管の呼び径を横軸、厚さを縦軸にプロットしたもので、各スケジュール管の厚さがどのように分布しているかを示しています。腐食代などの付加厚さ分（着色部）を差し引くと、各スケジュールの厚さはほぼ等ピッチの厚さ系列でできていることがわかります。

要点BOX
- 口径の呼び方（呼び径）にA系とB系がある
- 呼び径は300A以下は内径に近い
- 管厚さはスケジュール番号システムによる

鋼管、管継手のサイズの呼び方

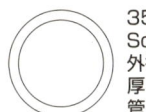

350A（または14B）、Sch.40の管は、外径355.6ミリ、厚さ11.1ミリの管のこと

左の管に接続する90°ショートエルボは、90SE 350A（または14B）Sch.40となる

鋼管のサイズ

外径 (JIS)	Sch.40 内径	Sch.40 厚さ	A呼称	B呼称
21.7	16.1	2.8	15	1/2
27.2	21.4	2.9	20	3/4
34.0	27.2	3.4	25	1
42.7	35.5	3.6	32	11/4
48.6	41.2	3.7	40	11/2
60.5	52.7	3.9	50	2
76.3	65.9	5.2	65	21/2
89.1	78.1	5.5	80	3
114.3	102.3	6.0	100	4
165.2	151.0	7.1	150	6
318.8	297.9	10.3	300	12
355.6	333.4	11.1	350	14
406.4	381.0	12.7	400	16
457.2	428.6	14.3	450	18
508.0	477.8	15.1	500	20

（内径、厚さの単位は[mm]）

鋼管の厚さ系列

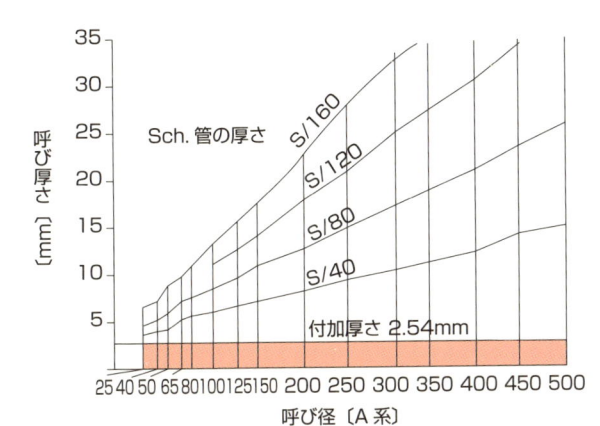

Sch. 管の厚さ
S/160
S/120
S/80
S/40
付加厚さ 2.54mm

呼び厚さ [mm]
呼び径 [A系]

24 管と管をつなぐ管継手

配管を引き回す立役者

配管を意図したルートに引くことができるのは、管だけでなく、管継手（フィッティング）があるからです。管継手を大きく分類すると、「流れ方向を変えるもの」、「管のサイズを大きく、または小さくするもの」、「流れを合流、または分岐するもの」に分けられます。

方向を変える代表は「エルボ」です。管サイズを変えるのは「レジューサ」、合流分岐の代表格は「ティ」です。

「流れ方向を変える」のに最もよく使われるのは90度ロングエルボです。90度ショートエルボは小さい曲率半径で曲がれるので、スペースの狭いところに使われます。90度以外に、45度、180度（Uベンド）があります。これらは、JISで形状寸法が定められており市販されています。

径の3～5倍の曲げ半径で緩やかに曲げたい場合は、高周波誘導加熱による熱間曲げ（41項参照）や、ベンダーによる冷間曲げで造られるベンドが用いられます。マイタベンドは管を斜めの短管に切り出し、それらを

連続して3～5片ほど溶接で接続して作ります。海老の尻尾のようなので、「えび継ぎ」ともいいます。

「管のサイズを変える」にはレジューサが使われます。レジューサ1個で変えきれない場合は、2個のレジューサを直列につなぎます。

「合流・分岐」のティには、枝管が母管と同径の同径ティと枝の方が小さい異径ティがあります。

ティを使わず母管に穴を開けて、管台（枝管）を溶接する方法もあります。管台だけだと穴のない管に較べ、耐圧強度が半分程度しかないので、耐圧力を高めるため、管台の周囲に補強板を付ける場合もあります。管台の付け根が厚肉に作られた補強板不要のオーレットという製品は米国で広く使われています。

合流・分岐するときの流れの乱れを少なくして、損失水頭の軽減を図ったラテラルと称するものもあります。便宜的にYピースと呼ぶ場合があるかもしれませんが、図で見るようにYの字とは異なります。

要点BOX
- 管継手は配管が方向を変え、口径を変え、分岐・合流をするためのもの
- 標準的な管継手のタイプとサイズはJISで規定

いろいろな管継手

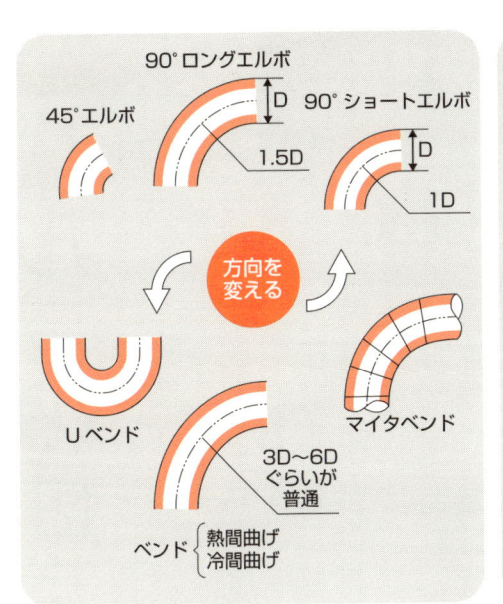

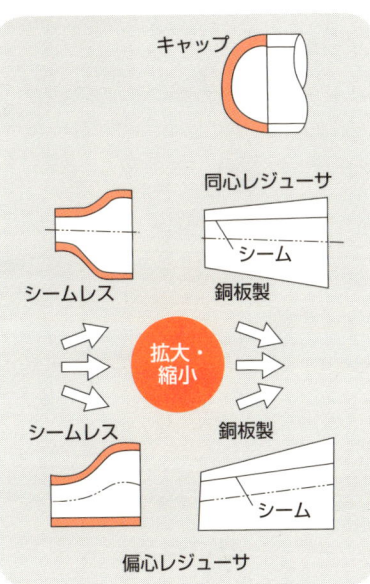

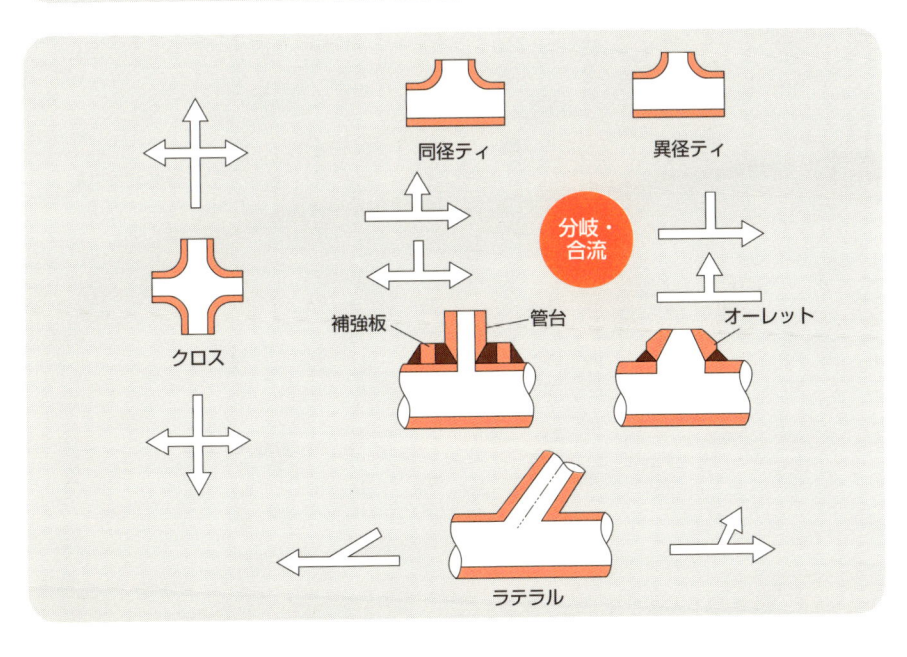

方向を変える
- 45°エルボ
- 90°ロングエルボ 1.5D
- 90°ショートエルボ 1D
- Uベンド
- マイタベンド
- ベンド（熱間曲げ／冷間曲げ） 3D〜6Dぐらいが普通

拡大・縮小
- 同心レジューサ
  - シームレス
  - 銅板製（シーム）
- 偏心レジューサ
  - シームレス
  - 銅板製（シーム）

キャップ

分岐・合流
- 同径ティ
- 異径ティ
- クロス
- 補強板／管台
- オーレット
- ラテラル

25 バルブのはたらき

流体を止める、流す、絞る

最も身近にあって、いつも使っている水道の「蛇口」で、バルブの働きを説明します（上図参照）。「蛇口」は玉形弁の一種で、ハンドルを回すことにより、弁体の開度（弁座から弁体下面までの高さ、リフトともいう）を変えることにより、流量を変えることができます。弁座を押し付けているときが全閉で流量0、弁体が最も上がった時が全開で流量最大。全閉と全開の中間位置では、流体通路は絞られた状態になり、ハンドル操作により弁体の高さを調整することにより、流量を変えることができます。

流量は弁体と弁座の間の開口面積に比例しますが、開口面積（すなわち流量）は仕切弁のようにほぼ比例するタイプ、ボール弁やバタフライ弁のように開き始めは放物線状に緩やかに増えるタイプ、玉形弁のように弁体の形状により、放物線状になったり双曲線状になったりするタイプと、いろいろあります。密閉機能と絞りの機能はバルブのタイプにより、得意、不得意があります。バルブの最も重要な機能の1つである「流れを止める」のは弁体を弁座に接触させることにより、なされますが、バルブの種類により、次のような差があり、それにより密閉性にも差が出てきます。

玉形弁はハンドルを回して弁棒を押し下げ、弁体を弁座に強く押し付けて止めるので、弁体前後の差圧に関係なく、着実に密閉できます。

仕切弁、ボール弁、逆止弁は高い差圧の時は、差圧が弁体を低圧側弁座の面圧を上げて確実にシールしますが、差圧が小さいとき、この力は期待できず、シール性能は弁形式に依存する弁体と弁座間の接触面圧に頼るため、玉形弁より密閉性は劣ると考えられます。バタフライ弁は弁体を弁座へ接線方向に押し付けてシールしますが、差圧の力によりシールする機能はないので、差圧の大きい場合の方が漏れやすくなります。

要点 BOX
- 弁体の開度により、全開、全閉、絞りを行う
- 弁前後の差圧を利用し、弁体を弁座に押し付けて密閉するのは、仕切弁、逆止弁、ボール弁

水道の蛇口で見るバルブの機能

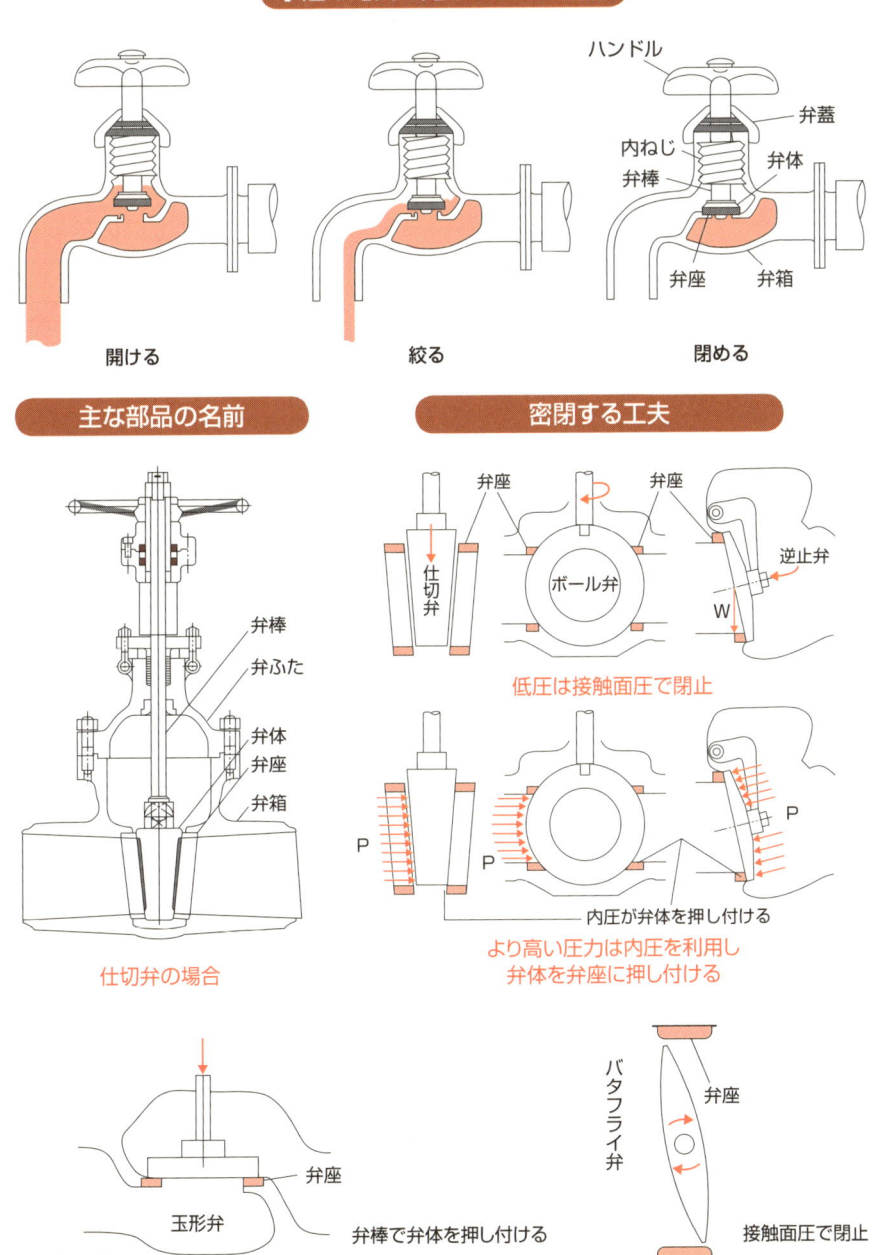

開ける　　　絞る　　　閉める

ハンドル
弁蓋
内ねじ
弁体
弁棒
弁座
弁箱

主な部品の名前

弁棒
弁ふた
弁体
弁座
弁箱

仕切弁の場合

玉形弁
弁座
弁棒で弁体を押し付ける

密閉する工夫

弁座　弁座
仕切弁　ボール弁　逆止弁
W

低圧は接触面圧で閉止

P　P　P

内圧が弁体を押し付ける
より高い圧力は内圧を利用し
弁体を弁座に押し付ける

バタフライ弁
弁座
接触面圧で閉止

用語解説

弁座：バルブシートともいう

● 第3章　配管を形づくる要素

26 いろいろなバルブ

バルブの形式は適材適所で選ぶ

産業界で広く使われる一般弁といわれる弁に、仕切弁、玉形弁、逆止弁、バタフライ弁、ボール弁があります。これら一般弁の全閉時と全開時の状態を図に示します。それら弁の特徴は以下の通りです。

仕切弁（ゲートバルブ）：円盤状の弁体が、両側の弁座（シート）に挟まれた状態で上下します。全閉または全開状態で使用します。ストロークが長いので、開閉に時間がかかりますが、損失水頭が小さく、口径の大きな弁も製作可能です。

玉形弁（グローブバルブ）：弁箱が球形をしているのでこの名があります。全閉は円盤状の弁体を弁座に垂直に押し付けます。弁には流れ方向が示されていて、流体は弁体の下から入ります。気密性に優れます。中間開度で使い、流量を絞れます。損失水頭は大きい。

玉形弁の親戚にアングル弁があります。玉形弁の流路は入口と出口が直線上にあるのに対し、アングル弁は直角曲りで、弁箱内の曲がりの数がアングル弁

の方が1つ少ないので、損失水頭が玉形弁より小さくなります（58項参照）。

逆止弁（チェックバルブ）：逆流を防止する弁です。逆流の流れと弁体の重さにより、ヒンジピンを中心にして振り下ろすように、速やかに弁を閉めます。流量が少ないとき、弁体が開いたり閉じたりして、音を出すことがあります。損失水頭はやや大きい。

バタフライ弁：円盤状の弁体は流路の中央にあり（同心形の場合）、弁を貫く弁棒周りに90度回転して弁を開閉します。開閉時間が短く、中間開度での多少の絞り運転は可能です。損失水頭は比較的小さく、口径の大きな弁を得意とします。

ボール弁：球の中央をくり抜いた弁体を90度回して開閉するため、開閉時間が短い。シールは基本的には、弁体球面と柔らかい弁座の接触面圧によります。中間開度で使用すると、弁座が損傷する可能性があります。損失水頭は弁の中で最も小さいです。

要点BOX
●弁形式により性能・機能に得意、不得意がある
●圧力損失が少ないのはボール弁、仕切弁
●絞れる（中間開度）のは玉形弁、バタフライ弁

いろいろな弁

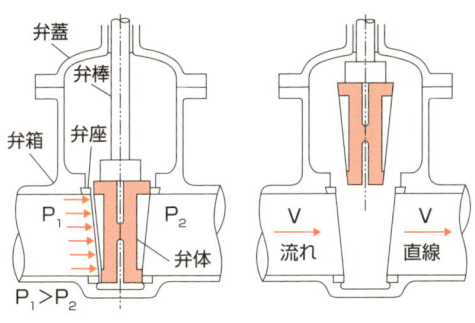

仕切弁

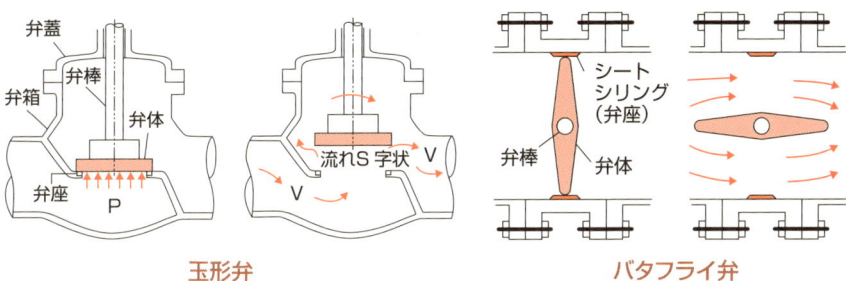

玉形弁

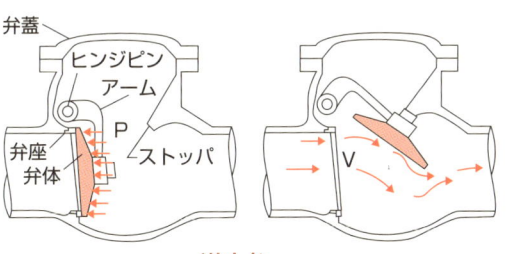

バタフライ弁

逆止弁

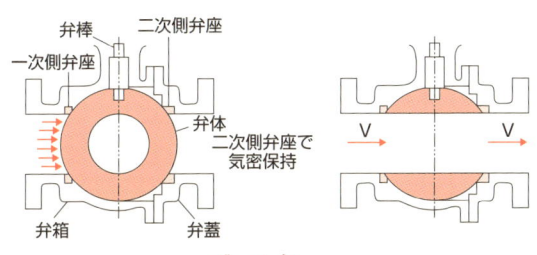

ボール弁

27 流れを調節するバルブ

目標値とのずれをなくすよう開度を変える

調節弁はプロセス量を制御する弁で、玉形弁、アングル弁、三方弁、バタフライ弁、ボール弁の形式があります。具体的には設定された圧力、温度、流量、液位の目標値を維持するため、測定結果をフィードバックし、目標値とのずれを弁の開度修正により是正するよう設計されたバルブです。

たとえば水槽に20℃の冷水と40℃の温水を混ぜて、30℃の水をつくる装置の場合、温水ラインに調節弁を設け、水槽の水温を測り、30℃を越えたときは、調節弁開度を絞り、30℃を下回ったら、開度を開ける。この動作を繰り返し、30℃を維持します（上図）。

測定した温度と目標値との差より弁に開度修正指示を出すのは、温度トランスミッタ（TT）と温度コントローラ（TC）の役割です。温度計からTTまでは電気信号、TTからTCまでは電気信号、調節弁の駆動部を動かすのはTCからの空気です。

玉形弁形式の場合（中図）、単座弁は最も基本的な形式で、気密性に優れますが、弁前後の差圧が弁体にかかり、弁体を動かすのに大きな力が必要で、駆動装置が大きくなります。小形の弁に適します。複座弁は2個の弁体をもち、互いに逆向きの差圧がかかり相殺するので、駆動装置は小さくて済みます。中形以上の弁に適します。

ケージ弁は多数の窓があいたケージ（鳥かご状）を流体が通り、流量調整するプラグ状の弁体にバランス孔があるので、弁体前後の差圧はなく、駆動装置を小さくすることができます。

調節弁の駆動装置は下図の、スプリング式ダイアフラムが一般的で、その利点は空気系の喪失や信号系の破壊時に、あらかじめ圧縮されたばねの力で、系統の安全側に弁を開けたり閉めたりする、フェイルセーフにすることができることです。たとえば、バーナへ燃料を送る系統では、操作不能になったとき、弁を全開より安全な全閉位置にすることができます。

要点BOX
- ●調節弁は圧力、温度、流量などを制御する
- ●調節弁にもいろいろな弁形式がある
- ●フェイルセーフは弁を系の安全な位置で止める

温度を調節する場合

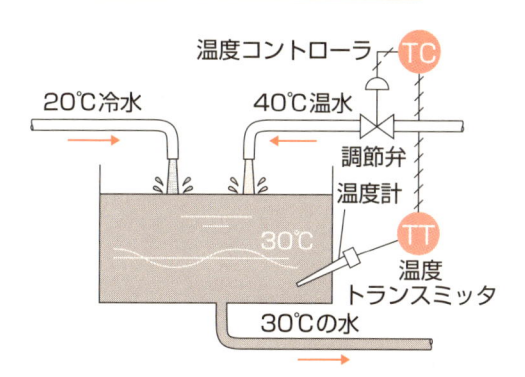

- 20℃冷水
- 40℃温水
- 温度コントローラ TC
- 調節弁
- 温度計
- 温度トランスミッタ TT
- 30℃
- 30℃の水

単座弁

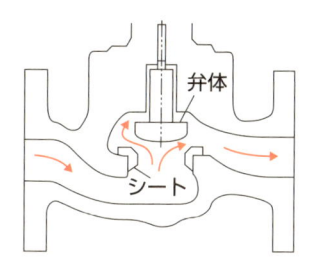

- 弁体
- シート

ケージ弁

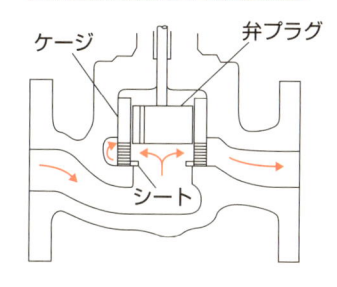

- ケージ
- 弁プラグ
- シート

複座弁の全体像

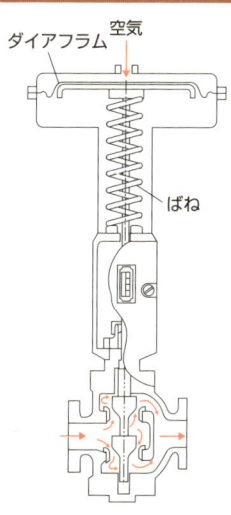

- ダイアフラム
- 空気
- ばね

スプリング式ダイアフラムとフェイルセーフ

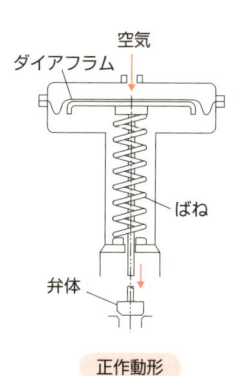

ダイアフラム / 空気 / ばね / 弁体

正作動形
空気消失で弁全開

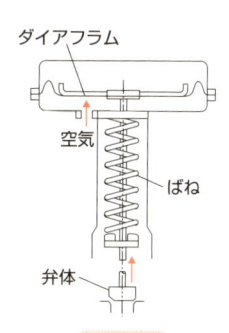

逆作動形
空気消失で弁全閉

28 配管の安全設備

壊れやすいところを造っておく

圧力をもった流体を扱う配管・容器には、設計圧力（どんな場合でも、これを越える圧力にはならないという圧力）が設定されていて、設計圧力の内圧に耐えられるよう設計されています。しかし、最悪の場合、設計圧力を越えることが想定される場合は、配管・容器の爆発や破裂を防ぐため、1カ所、弱いところを設けておき、設計圧力になったらそこが開いて、流体を安全な箇所へ放出するしくみを必要とします（上図）。そのための装置が安全弁、逃がし弁（中図）、および破裂板（ラプチュアディスク＝下図）です。

安全弁・逃し弁は作動しても、繰り返し使えるのに対し、破裂板は作動すると、板が破裂してしまうので、使い捨てとなります。

安全弁は主に蒸気や気体の流体に使用され、安全を守るため、逃がし弁と違い、弁が開き始めると一気に全開に達しなければなりません。これを「ポッピング」といいます。ポッピングを行うため、安全弁の弁体と

弁座には特殊な工夫がされています。
逃がし弁は主に液体の流体に使用され、弁開度は設計圧力を越える圧力に比例します。弁体と弁座の構造は、安全弁と較べると単純な形をしています。
安全弁も逃がし弁も、弁駆動方法にばね直動式とパイロット式とがあります。
ばね直動式は、常時、コイルばねの力で弁体を弁座に押し付け、弁開時には弁開時には弁開時には弁開時には弁が押し開きます。
パイロット式は、弁体の背圧により、弁体をシートに押し付け、弁作動時は小さなパイロット弁が開き背圧がなくなるので、一次側の内圧により、破裂板が二次側方向に破裂し、流体を逃がします。
破裂板は設計圧力になると、破裂圧力の精度を高めるため、破裂板は無垢のものと、破裂板に十字のノッチを入れた（貫通はしていない）タイプとスリットを入れ（板を貫通している）、シール用板とを重ねて使うタイプとがあります。

要点BOX
- ●壊れやすいところを造っておき、流体を逃がす
- ●安全弁はポッピングをして開く
- ●ラプチュアディスクは破裂したら使い捨て

配管装置の安全設備

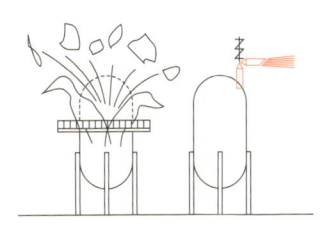

弁体・弁座まわり

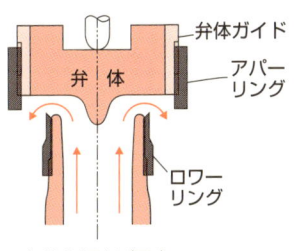

安全弁

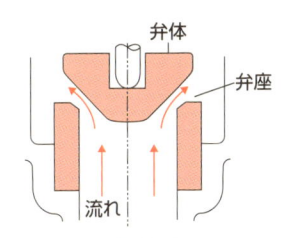

- 弁体ガイド
- 弁体
- アパーリング
- ロワーリング
- 弁体を押上げる力

逃がし弁

- 弁体
- 弁座
- 流れ

安全弁・逃がし弁

- レバー
- 全閉状態を示す 着色部は弁開時に動く部分
- 背圧逃がし管
- ばね
- 弁棒
- 弁体ガイド
- アパーリング
- ロワーリング
- 弁出口
- 弁体
- 弁入口

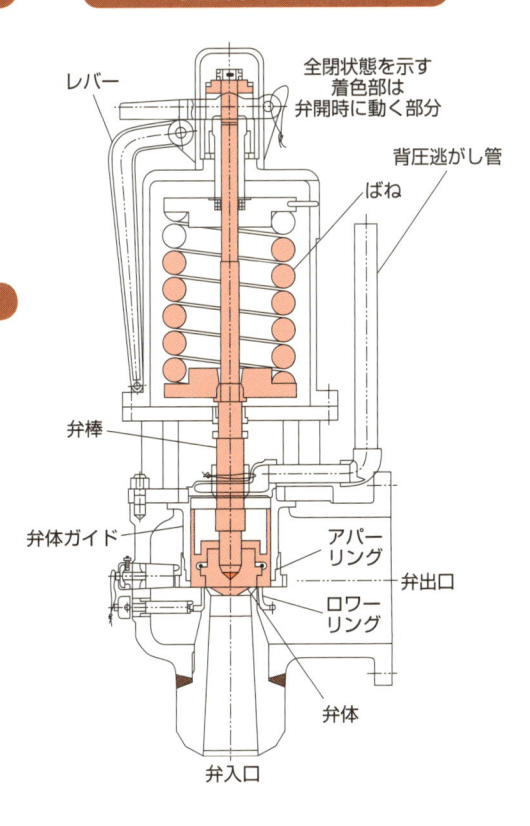

破裂板（ラプチュアディスク）

金属製破裂板の例

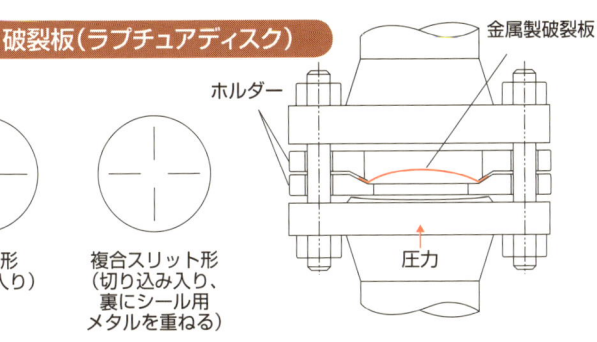

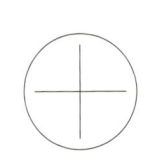

- 単板形（無垢の板）
- スコア形（ノッチ入り）
- 複合スリット形（切り込み入り、裏にシール用メタルを重ねる）

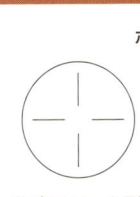

破裂板のセット

- 金属製破裂板
- ホルダー
- 圧力

● 第3章　配管を形づくる要素

29 配管を支える装置

上から吊り、下から支える

配管支持装置は、設計された配管ルートに配管を保持時に、停止時にも運転時にも配管の機能を満たさせ、安全上に問題がないようにする装置です。具体的にその役割は、

① 配管の重量を支える。
② 配管の熱膨張を適切に逃がし、適正な熱膨張応力の振幅内（62項参照）に収まるようにする。
③ 地震時に、過大な応力や変位をもたらさないように、配管を適切に拘束する。

などです。

①と②はハンガ・サポートが、②と③はレストレイントと防振器が主にその役割を担います。レストレイントと防振器は30項で説明します。

配管支持装置は、上から荷重を吊るものをハンガ、下から荷重を支えるものをサポートと呼ぶことが多いですが、厳密に使い分けされてはいません。

ハンガ・サポートの種類として、リジッドハンガ、バリアブルハンガ（スプリングハンガともいう）、コンスタントハンガなどがあります。

リジッドハンガ：配管の垂直方向の伸縮（トラベルという）がないか、小さい配管の重量を支えます。ロッドとクランプを使った吊るタイプと、レストレイントと同様に、壁、床、天井から形鋼を組んで、形鋼の上に管を乗せ、Uボルトで固定するタイプがあります。

バリアブルハンガ：コイルばねを円筒状のケースに収めた形のもので、伸びをコイルバネで垂直方向に吸収しつつ、配管の重量を支えます。このハンガの特徴は、コイルバネの伸縮量により支持荷重が変動することで、変動した荷重は近隣のサポートや機器の支持荷重に影響を与えます。

コンスタントハンガ：配管のトラベルの大きいところに使用します。トラベルに関係なく支持荷重が一定で、変動荷重は原則的に生じません。バリアブルハンガでは変動荷重が大きすぎる場合にも使用します。

要点BOX
- 上から吊るハンガ、下から支えるサポート
- 伸びのあまり大きくない所はバリアブルハンガ
- 伸び、荷重変動率大の所はコンスタントハンガ

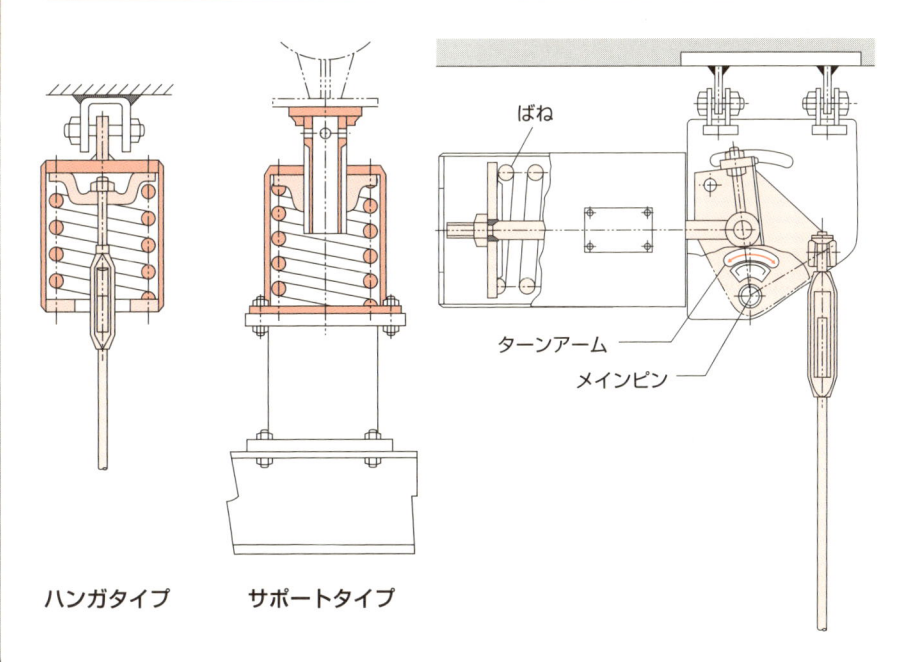

配管支持装置の役割

ターンバックル
ねじによりハンガの吊り長さを調節するもの

リジッドハンガ
伸縮しない鉄棒だけのハンガ。長さはタイロッドにより調節。配管の垂直伸びを拘束する。原則として、垂直伸びの小さいところに使う

クランプ
パイプに取り付け、ハンガロッドと接続するための金具

バリアブルハンガ
吊るタイプ

油圧防振器
(30項参照)

ロッドレストレント
熱膨張による移動を拘束する。耐震用にも使われる

配管

バリアブルハンガ
下からサポートするタイプ

保温

バリアブルハンガ

ハンガタイプ　　サポートタイプ

コンスタントハンガ

ばね
ターンアーム
メインピン

● 第3章　配管を形づくる要素

30 配管の振動を抑える装置

微振動を止めるのは難しい

配管支持装置には、配管の振動を拘束または抑制する防振器と熱膨張による配管の移動や地震の振動を一部の方向に、または全ての方向に拘束するレストレイントがあります。

防振器には、一般の振動を抑制或いは拘束するばね式防振器と主に地震時の振動を拘束する油圧防振器、機械式防振器（ここでは省略）があります。

ばね式防振器には次の2種類があります。

ばね1個タイプはばねをあらかじめ初期荷重をかけ圧縮しておくと、初期荷重以下の荷重に対しては伸縮せず（すなわち拘束する）、初期荷重を越えると、ばね常数で割った振動振幅がでます。

ばね2個タイプはばね2個におのおの初期荷重をかけ、圧縮してセットしておくと、初期荷重以下の荷重に対しては2個のばね常数を加え振動を抑制し、初期荷重を越えると1個のばね常数で振動を抑制します。いずれのタイプも実際はピン穴などにクリアランスがあるので、微振動を止めることはできません。

ばね式防振器は、熱膨張のゆっくりした変位も拘束または抑制するので注意を要します。

油圧防振器は配管の熱膨張のようにゆっくりした変位は拘束せず、振動のように速い動きのみを拘束します。配管の動き（振動）は油圧シリンダのピストンの往復運動となり、ピストンの動きに伴い、シリンダ内の油が狭い流路（図では外部管路に設けたオリフィスとポペット弁）を通って速い速度で移動しようとしますが、通路を通るときの抵抗力で振動のような速い変位を拘束します。油圧防振器は主に配管の耐震用に使われ、特性上、小さな振動は止められないので、一般の振動用には使われません。

レストレイントは、完全に配管を固定するものを「アンカ」といい、1方向ないし2方向自由に移動できるものは「ガイド」または「ストッパ」といいます。一般に形鋼（溝形鋼や山形鋼など）や丸棒で構成されます。

要点
BOX
- ●振動抑制に防振器とレストレイント
- ●ばね式防振器は配管の伸びも拘束する
- ●防振器で微振動は止められない

ばね式防振器

ばね1個タイプ

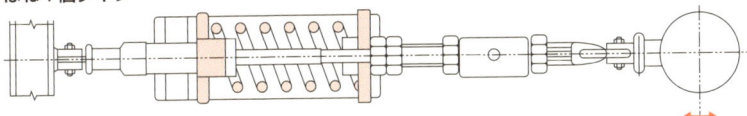

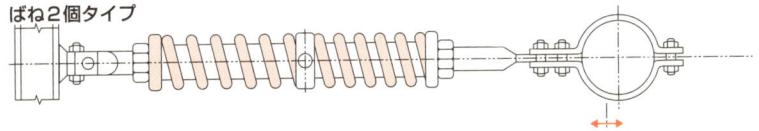

ばね2個タイプ

油圧式防振器

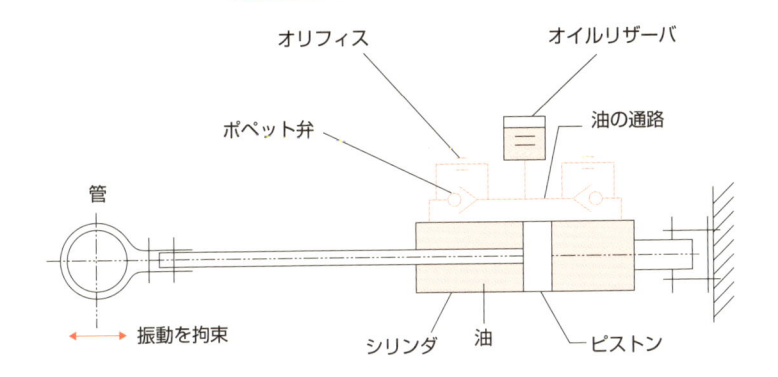

- オリフィス
- オイルリザーバ
- ポペット弁
- 油の通路
- 管
- 振動を拘束
- シリンダ
- 油
- ピストン

アンカ(完全固定)

ガイド(管軸方向のみ自由)

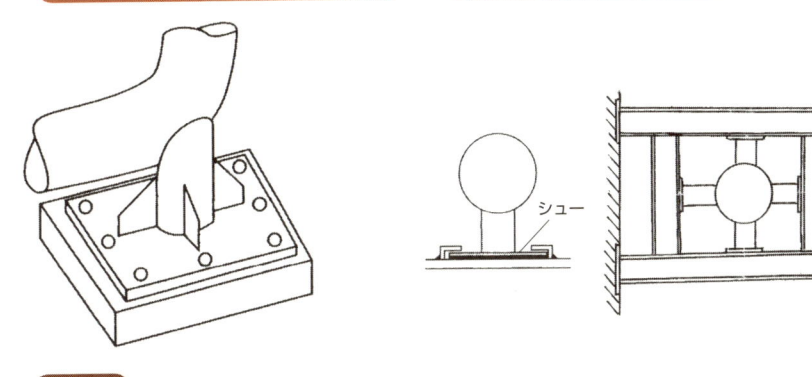

シュー

用語解説

ポペット弁：熱移動のような遅いピストン移動による油の動きでは閉鎖せず、振動のような速いピストン移動による油の動きで閉鎖、ピストンに大きな抵抗力を発揮(この時オリフィスだけが油の通路)

31 伸縮管継手に生じる推力

推力発生は伸縮管継手の宿命

配管の熱膨張による伸びを吸収し、また、配管の固定点間の相対変位を吸収して、配管の破損を防ぐ方法として、62項のフレキシビリティの他に伸縮継手により変位を吸収する方法があります。

伸縮管継手の形式については32項で説明しますが、自由に伸縮する手段として、スライド形とベローズ（蛇腹）形があります。伸縮管継手はその形式により配管の軸方向の伸縮、あるいは角直角方向変位（2カ所の角変位を利用）、あるいは角変位ができますが、ねじりに対しベローズ（蛇腹）形は対応できません。

伸縮管継手の伸縮部分は自由に伸縮できるように造られており、内圧により発生する、伸縮部を引き離そうとする推力に対抗できないため、推力を抑える手段を講じないと、伸縮部は破損してしまいます。推力が発生するメカニズムは49項を参照願います。ベローズ形の場合、生じる推力の大きさは図に示す計算式で算出します。推力はベローズ平均直径の2乗に比例するので、口径の大きな伸縮管継手ではその大きさに注意が必要です。口径の大きな伸縮管継手以外の伸縮管継手の推力は、継手部の内圧を受けている断面積に内圧を掛けて求めることができます。

推力に対抗するため、推力に匹敵する拘束力をもつ装置を管継手自体に設けるか、または外部からその必要があります。その方法を次に示します。

① 外部の強度のある構造物から、伸縮管継手をはさんで両側に管軸方向を拘束するアンカを設置する。

② ベローズを挟んで、タイロッドを渡し、ベローズを挟んだところで管継手に固定する。

③ タイロッドと圧力バランス用のベローズを設けた、圧力バランス形伸縮管継手を採用する。

②の方法は管軸方向を拘束しているので、原則として軸直角方向変位しか吸収していないのに対し、③の方法は軸方向変位を吸収できます。

要点BOX
- ●ベローズ形はねじりを吸収できない
- ●伸縮管継手には推力を防止する装置が必要
- ●口径の2乗で推力は大きくなる

ベローズの変位吸収の仕方

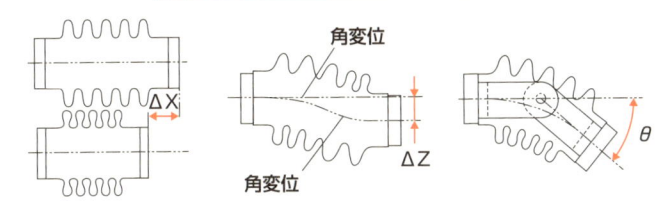

(a) 軸方向変位吸収　ΔX

(b) 軸直角方向変位吸収　角変位　ΔZ

(c) 角変位吸収　θ

ベローズ形伸縮管継手に生じる内圧による推力

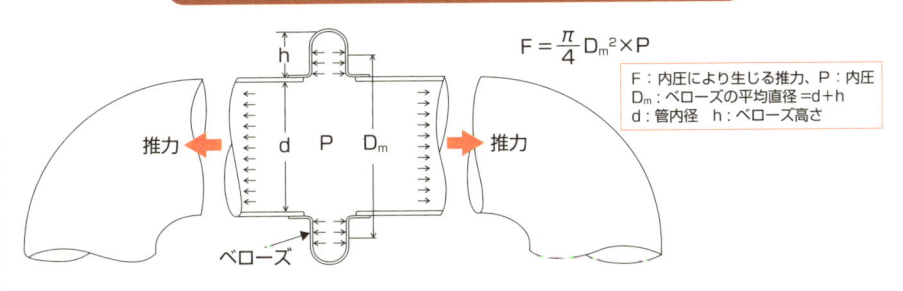

$$F = \frac{\pi}{4} D_m^2 \times P$$

F：内圧により生じる推力、P：内圧
D_m：ベローズの平均直径 = d + h
d：管内径　h：ベローズ高さ

推力　h　P　d　D_m　推力　ベローズ

推力を受ける方法（→は伸縮可能な方向を示す）

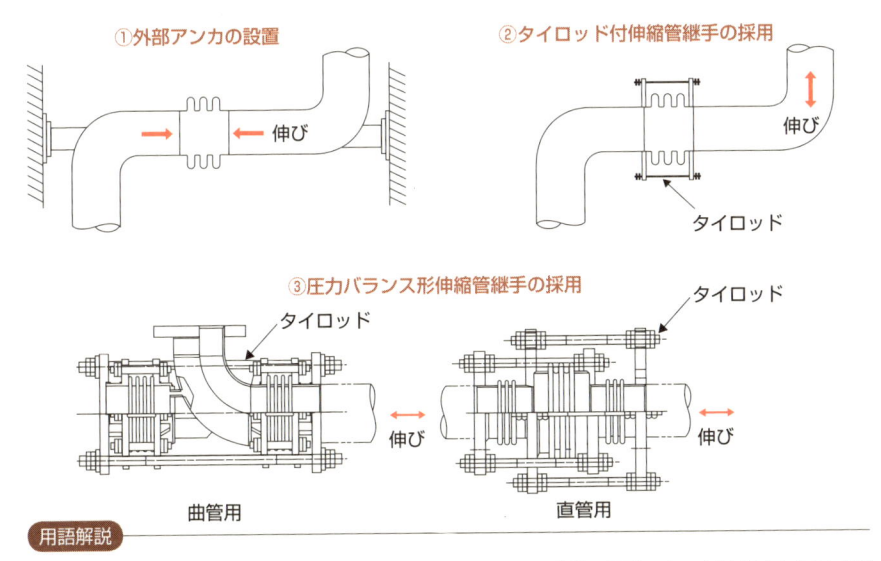

①外部アンカの設置
伸び

②タイロッド付伸縮管継手の採用
伸び
タイロッド

③圧力バランス形伸縮管継手の採用
タイロッド
伸び
曲管用

タイロッド
伸び
直管用

用語解説

タイロッド：内圧のために生じる推力を受け止め、引張り応力のかかる丸棒。両端にナットをねじ込むためのねじが切ってある

● 第3章　配管を形づくる要素

32 いろいろな伸縮管継手

推力のいろんな受け方がある

ここでは伸縮管継手の種類について説明します。

スライド方式は外筒と内筒が、隙間部にガスケットを装着し、スライドするタイプで、スライド形、メカニカル形、ハウジング形、ボール形（角変位のみ吸収。図は省略）などがあります。

スライド形は軸方向の変位のみ吸収可能です。メカニカル形は受け口と押し輪に管が角変位できる逃げを設けてあるので、軸方向の他に角変位の吸収もできます。図に示すスライド形とメカニカル形は推力を受けるアンカが必要ですが、メカニカル形には 8 項に示す離脱防止装置の付いたタイプもあります。ハウジング形は軸方向、角変位が可能で、管の溝にはまったハウジングが推力を受けます。

ベローズ形は最もよく使われる伸縮管継手です。ベローズは薄いステンレスの円筒を蛇腹状に成形したもので、軸方向伸縮と角変位が可能で、角変位の組み合わせにより軸方向伸縮と軸直角方向変位も可能です。単式ベローズは複数の山谷を連ねた一連のベローズ1組からなるもので、軸方向変位の吸収が主体ですが、山数に応じて軸直角、角変位の吸収も多少可能です。2組のベローズを組み合わせたユニバーサルジョイントは、推力受用のタイロッドをもっているので、軸方向の伸縮はできませんが、軸直角方向の変位は、ベローズ間の短管長さを長くすることで、大きくとることができます。ヒンジ形は1本のピンで推力を受けており、ピン軸周りの角変位に対応できます。ジンバル形は直交する2本のピンで推力を受けているので、あらゆる向きの角変位に対応できます。圧力バランス形はタイロッドと追加の圧力バランス用ベローズを管継手に組み込むことにより外部アンカなしに軸方向の伸縮を可能にしています。フレキシブルチューブは 31 項のように曲げ管用と直管用の管に使われ、ベローズの外側にベローズの保護と推力を受けるための「ブレード」を装着しています。

要点BOX
- ●ユニバーサルジョイントは軸直角変位を吸収
- ●ヒンジ、ジンバル形は角変位を吸収
- ●圧力バランス形は推力発生せず軸方向伸縮可

いろいろな伸縮継手（→は伸縮可能な方向）

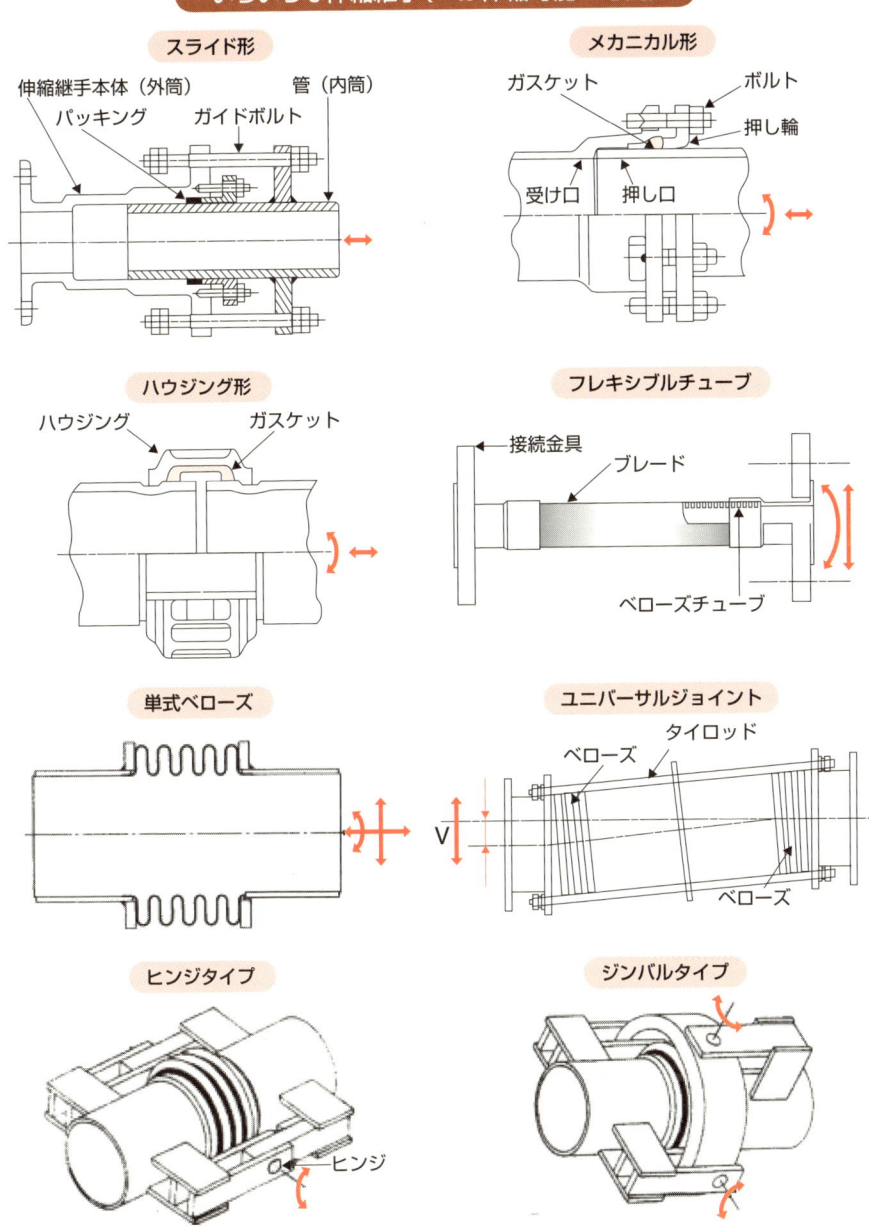

スライド形

- 伸縮継手本体（外筒）
- パッキング
- 管（内筒）
- ガイドボルト

メカニカル形

- ガスケット
- ボルト
- 押し輪
- 受け口
- 押し口

ハウジング形

- ハウジング
- ガスケット

フレキシブルチューブ

- 接続金具
- ブレード
- ベローズチューブ

単式ベローズ

ユニバーサルジョイント

- ベローズ
- タイロッド
- ベローズ

ヒンジタイプ

- ヒンジ

ジンバルタイプ

用語解説

ジンバル：2本の回転できる軸を直交させたもので、回転軸をどの方位にでもとることができる。ジャイロスコープもその1つ

● 第3章　配管を形づくる要素

33 蒸気をつかまえる装置（1）

浮力の有無により蒸気とドレンを識別

蒸気を使用する機器や配管の底にドレン（復水ともいう）がたまると、蒸気の流れの阻害、スチームハンマの発生、熱交換器では熱交換性能の低下などを起こす原因になります。これらを防止するため、蒸気を逃がさずに、ドレンだけを自動的に除去する装置がスチームトラップです。なお、混入している空気も害があるので、管外へ除去する必要があります。

スチームトラップは蒸気とドレンを識別するメカニズムの違いから複数の種類があり、それぞれ長所、短所をもっています。蒸気とドレンの識別に使われるのは、両者の密度差、温度差、換言すれば浮力の有無（メカニカルトラップ）、温度差（サーモスタティックトラップ）、動力学的差（サーモダイナミックトラップ）です。

密度差により識別するメカニカルトラップには、フロート式と下向きバケット式があります。

フロート式：蒸気とドレンの識別は密度の差、すなわち、本体の中に収められた中空・球形フロートが浮くか沈むかによります。付属するものが何もない自由フロート式と弁開閉のためのレバー付フロート式とがあります。本体内を蒸気が占めているときは、フロートが沈み、自由フロート式では、フロートの球面が弁座に接し、排出口を塞ぎます。蒸気と空気の差は密度では識別できないので、バイメタルを併用し、温度が低い時は空気抜き弁を開け、空気を排出します。

下向きバケット式：本体内にバケットと呼ぶ下面が開いたバケツ状の、一種のフロートがあります。バケット内に蒸気がたまると浮き上がり、バケットについたレバー先端の弁で、ドレン排出口を塞ぎます。バケット内にドレンが流入し、浮力が低下すると沈み、弁が開いてドレンを排出します。バケット上端に小さなベント穴があり、空気は蒸気と共にバケット内に少しづつ放出され、バケット内の気体が減るとバケットが沈み弁を開け、空気もトラップ外に排出されます。

要点BOX
- 蒸気をとらえ、ドレン、空気を逃がす
- フロート式と下向きバケット式は蒸気とドレンを浮力の有無で識別する

蒸気をつかまえるスチームトラップ

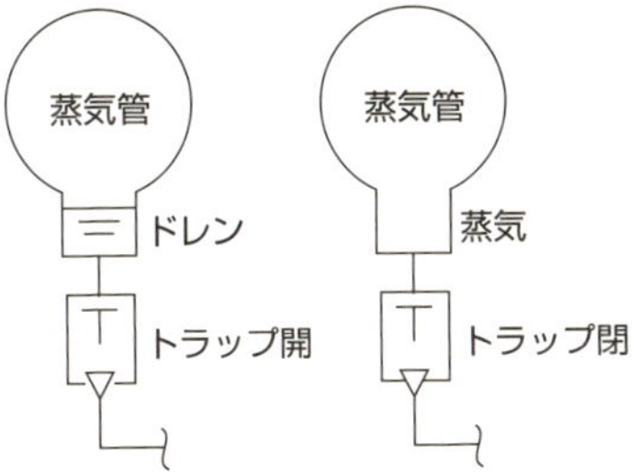

- 蒸気管 — ドレン — トラップ開
- 蒸気管 — 蒸気 — トラップ閉

蒸気とドレンの識別法

質量の差

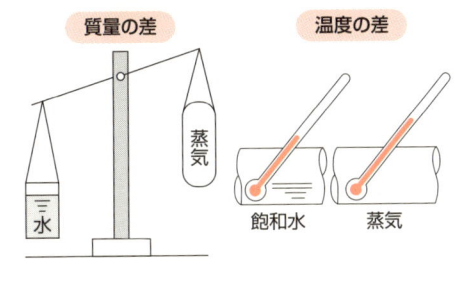

水 / 蒸気（天秤）

温度の差

飽和水 / 蒸気（温度計）

質量の差による識別

自由フロート式

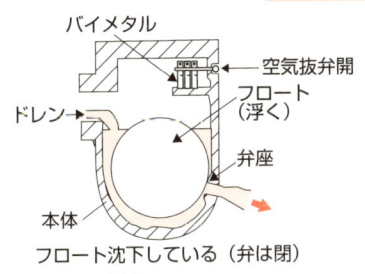

バイメタル／空気抜弁開／フロート（浮く）／弁座／ドレン／本体

フロート沈下している（弁は閉）
→ドレン流入
→フロートと浮上（弁開く）
→ドレン排出

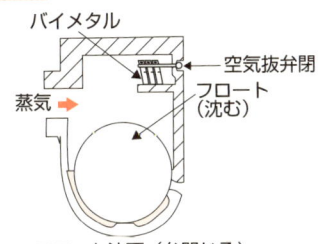

バイメタル／空気抜弁閉／フロート（沈む）／蒸気

フロート沈下（弁閉じる）
→蒸気流入
→蒸気を逃さない

下向きバスケット式

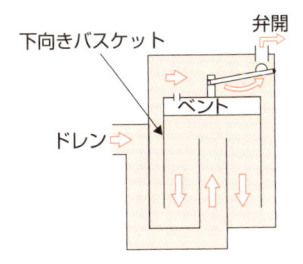

下向きバスケット／弁開／ベント／ドレン

バケット沈下している（弁は開）
→ドレン流入
→バケット沈下継続
→ドレン排出

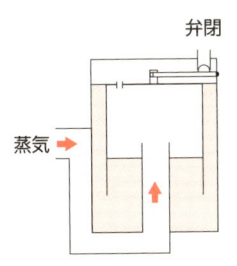

弁閉／蒸気

→蒸気流入
→バケット浮上（弁閉じる）
→蒸気を逃がさない

● 第3章　配管を形づくる要素

34 蒸気をつかまえる装置（2）

温度により蒸気とドレンを識別

蒸気とドレン（飽和水）を温度差（蒸気の方が温度が高い）で識別するサーモスタティックトラップには、温度検出エレメントとして、バイメタル式、サーモベローズ式、ダイアフラム式があります。

バイメタル式：温度変化によるバイメタルの変形を弁の開閉に利用します。飽和水と飽和蒸気が混在する時は開弁せず、飽和温度より若干下がって、トラップ内がすべてドレン（復水）になった時、開弁してドレンを排出するようバイメタルを調整します。蒸気圧力が変わると飽和温度が変わるので、この方式は圧力が変わったら、バイメタルを調整し直す必要があります。空気は蒸気より一般に温度が低いので、蒸気とは識別され、排出されます。

ダイアフラム式、ベローズ式：ダイアフラムあるいはベローズの中に感温液として蒸発性液体を封入してあります。蒸発性液体は、流体の沸点（飽和温度）より若干低い沸点のものが選ばれ、流体が蒸気・水の混在する飽和状態になる前に感温液は蒸発して弁を閉じます（蒸気を逃がさない）。そして、感温液の働きで、流体の圧力が変化し、飽和温度が変化しても自動的に追従して、弁の開閉を行うことができます。

動力学的差で検出するサーモダイナミックトラップの代表的なものに、ディスク式があります。

ディスク式：可動部分は、弁体を兼ねる1枚のディスク（円板）のみというシンプルな構造をしています。蒸気が流入すると、ディスクが撒水器のように押し上げ、排出口への通路が開き、ドレンは排出されます。蒸気が流入すると、ディスク下面（弁座側）の流速がディスク上面（変圧室側）の流速より速いので、ベルヌーイの定理より、ディスク下面の圧力が上面より下がり、ディスクが下がり、弁座を閉じ、蒸気の排出を阻みます。なお、この方式は蒸気と空気の識別ができないので、別にバイメタルの助けを借りる必要があります。

要点BOX
- バイメタル式は圧力が変わったら調整が必要
- ダイアフラム、ベローズ式は圧力変化に追従
- ディスク式は可動部分がディスク（円盤）1枚

熱エネルギーを感知して作動するトラップ

バイメタル式

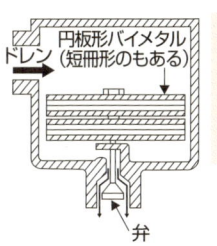

ドレン → 円板形バイメタル（短冊形のもある）
弁

飽和温度より低い水流入→
バイメタル収縮→
弁開く→
ドレン排出→

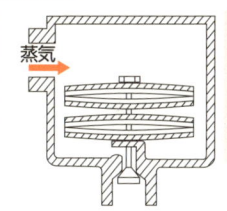

蒸気 →
→蒸気流入
→バイメタル膨張
→弁閉じる
→蒸気を逃さない

ダイアフラム式

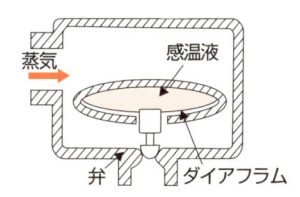

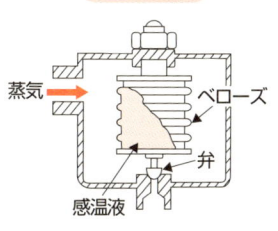

蒸気 → 感温液
弁　ダイアフラム

ベローズ式

蒸気 → ベローズ
弁
感温液

ディスク式

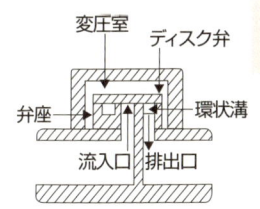

変圧室　ディスク弁
弁座　環状溝
流入口　排出口

③から①または②へ戻る

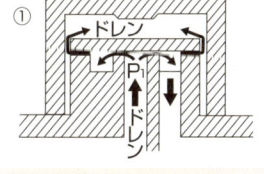

① ドレン　P_1　ドレン
ドレン流入→ディスクを押し上げる（弁開）→ドレン排出

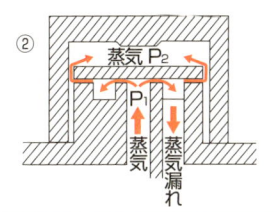

② 蒸気 P_2　P_1　蒸気　蒸気漏れ
ディスクを押し上がった状態で蒸気流入→ディスクと弁座間の流速大→ベルヌーイの定理により P_1<P_2

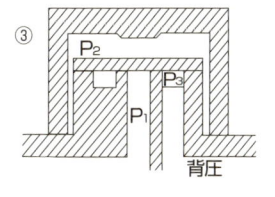

③ P_2　P_3　P_1　背圧
ディスクが下に落ち（弁閉）→蒸気の流出止まる

35 配管の保温と保冷

熱を逃がさない、入れない

管は内部流体の温度により、保温または保冷のため、配管の周りを断熱材で被覆します。

保温の目的は次の通りです。流体温度が大気温度より高い場合、管材料の鉄は熱伝導度が非常に良いので、流体の熱は大気へどんどん逃げていきます。これはエネルギー損失になるので、管外表面に熱を通しにくい断熱材を巻いて、熱が通り抜ける抵抗を増やして、熱が出にくくします。これを「保温」といいます。

保温厚さの決め方に次のような方法があります。

① 経済的保温厚さで決める：放散熱量に相当する燃料費1年分と保温工事費用1年あたりの償却費の和が最小となる保温厚さを採用します。

② パイプ単位面積あたりの放散熱量から決める：放散熱量が多いとエネルギー損失だけでなく、屋内の場合、室温を適正にするため、空調能力を大きくしなければなりません。したがって、放散熱量を200W／㎡前後にするのが一般的です。

③ 保温外表面の制限温度から決める：人が触る配管はやけどしないように、保温外表面の温度が60℃程度になる保温厚さに決めることが多い。保温外径は管外径の数倍になることもあります。

④ 保冷：流体が大気温度より低いとき、流体ができるだけ熱を吸収しないようにするためと、管表面が露点温度以下になって結露すると、機器・配管、床上に水滴が落ち、不具合が生じるので、結露しないように（防露という）、断熱材を巻きます。これを保冷といい、保冷の厚さは通常、保冷表面が結露温度以上になるようにします。保冷の場合、空気が保温材の隙間より侵入して、冷たい管表面に達すると、結露するので、空気が隙間から入らないように、隙間をジョイントシーラでシールします。

保温材としては、ロックウール、ケイ酸カルシューム、グラスウール、保冷材としては、硬質ウレタンフォームなどがあります。

要点BOX
- 外部への放散熱量を抑えるのが保温
- 人が触ってやけどするのを防ぐのがやけど防止
- 管表面の結露を防ぐのが保冷、または防露

保温・やけど防止・保冷・防露はなぜ必要か

- 要保温
- 空調ダクト
- 蒸気、熱水
- 冷水
- 要 保冷・防露
- 露
- 水たまり
- 要 やけど防止
- 暑い!!
- 熱っ!!

保温・保冷の施工要領

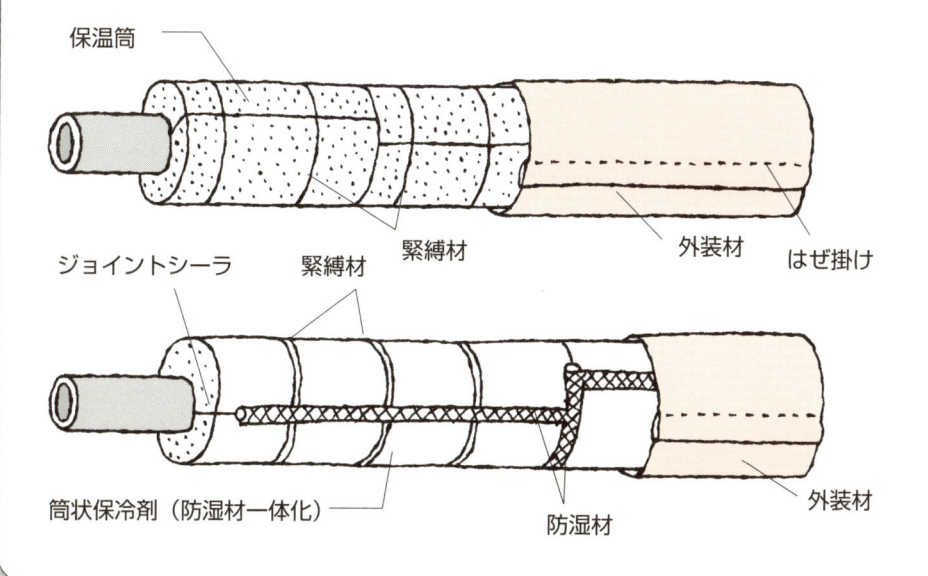

- 保温筒
- 緊縛材
- 外装材
- はぜ掛け
- ジョイントシーラ
- 緊縛材
- 筒状保冷剤（防湿材一体化）
- 防湿材
- 外装材

36 配管をつなぐフランジ継手

フランジは面圧が命

配管はパイプ、管継手、弁、などを相互につなぎ、機器、塔槽類の座に接続して、はじめて配管の姿となります。つなぐ手段に、溶接継手、フランジ継手、ネジ継手、チューブ継手、接着などがあります。

フランジ継手はフランジ同士をボルトで締め付け、フランジ間のガスケットの面圧でシールする継手で、シール性能はガスケット座の面積の広さではなく、ガスケット座の面圧の大きさによります。

フランジは分解できる利点がある一方、漏えいの可能性があり、ラインの重要性、流体の性質、圧力・温度条件などにより、適切なフランジ形式、ガスケット座形式、ガスケット材質の選択が大切です。

フランジ形式の内、ネックフランジは、管と突合せ溶接されるので疲労に強く、高圧、高温配管に適します。遊合形フランジはステンレス配管の場合、スタブエンドのみ配管と同材質を使えば、炭素鋼のフランジが使えるので経済的です。

各ガスケット座の特徴は次のとおりです。

① 全面座：相手機器のフランジが鋳鉄製の場合、平面座だと、ボルト締付けによりフランジに曲げモーメントが発生し、鋳鉄が割れる可能性があります。そこでガスケット座は全面平らとして曲げモーメントが生じないようにしたフランジ形式です。ガスケットは柔らかい材質を使い、ガスケット面圧も低い。

② 平面座：最も一般的なガスケット座です。リングジョイント以外のガスケットが使えます。

③ メール・フィメール座、タング＆グルーブ座：ガスケット装着部の外周部に"土手"があり、ガスケットが内圧に負けて外側に飛び出さないようにしています。座の幅は狭く、その分、面圧が高く、シール性がよい。渦巻形ガスケットが使われます。

④ リングジョイント：金属製のガスケットを使います。ガスケットとガスケット座である溝とのすり合わせが必要ですが、最も高圧に耐えます。

要点BOX
- 分解できる代表的継手はフランジ
- 密閉性は座の面積ではなく接触面圧による
- 相手が鋳鉄製フランジの場合は全面座採用

配管をつなぐ

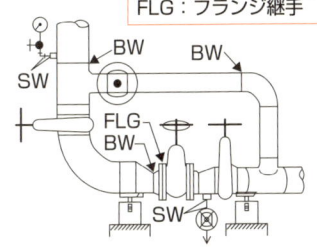

BW：突合せ溶接継手
SW：ソケット溶接継手
FLG：フランジ継手

ハブフランジ

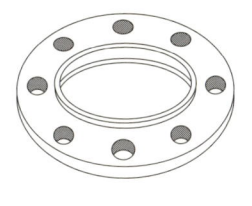

フランジ形状による分類（代表的なもの）

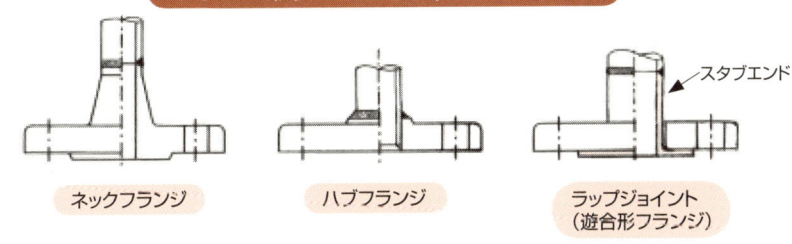

ネックフランジ　　ハブフランジ　　ラップジョイント（遊合形フランジ）

スタブエンド

ガスケット座による分類

全面座　　　　　　　平面座
ガスケット　　　　　ガスケット

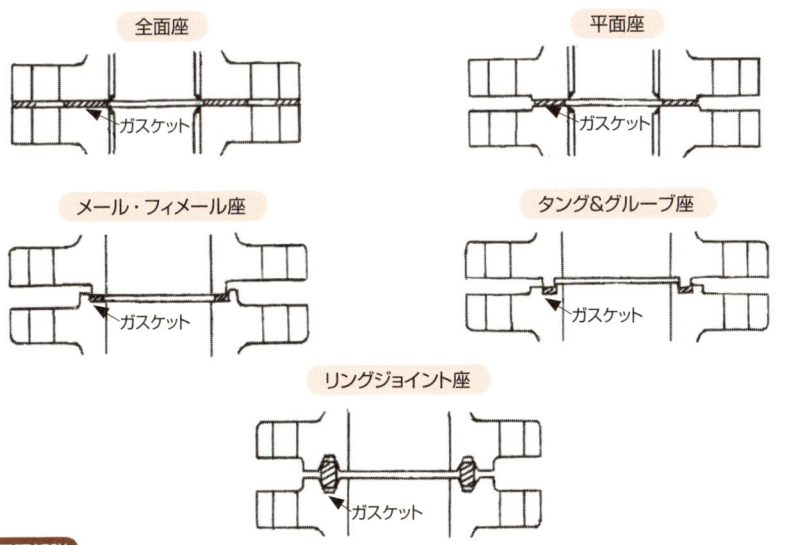

メール・フィメール座　　タング＆グルーブ座
ガスケット　　　　　　ガスケット

リングジョイント座
ガスケット

用語解説

スタブエンド：鍔（つば）つきの短管
ガスケット：フランジ座面の間にはさむ薄板状の部品。材質は、ゴム、ポリアミド繊維、膨張黒鉛、メタルなど。使用条件により材質、形式を選択する

● 第3章　配管を形づくる要素

37 配管をつなぐ溶接継手

最も信頼できる溶接継手

溶接継手は金属同士を溶かし込んで接続するので、分解はできませんが、耐久性や継手の気密性において最も信頼がおける継手で、材料が鋼で分解の必要がないところで最も広く使われます。

突合せ溶接は口径50Aないし65A以上で使われ、特に薄い管を除き、ルート部（図参照）までよく溶け込むよう、突合せる管端部の壁を厚さ方向に斜めに削いだ開先をとります 42 項参照）。管に枝を出したり、座（ボス）をつける溶接も完全溶込み（ルート部まで溶込んでいること）の突合せ溶接によるのが一般的です。

差し込み溶接は口径40Aないし50A以下の管に使用されます。管はソケットの中に差し込まれ、ソケットと管をすみ肉溶接します。短管にパイプを差し込み、すみ肉溶接するスリーブ溶接は低圧に使われることがあります。

ねじ継手は低圧用です。疲労に弱いので振動のある箇所への使用は避けた方がよいでしょう。通常、テーパのついた管用テーパねじが使われます（図参照）。ユニオン継手はユニオンナット（袋ナット）をまわすことにより着脱できる小径管用の継手です。機器との取合い部などによく使われます。

フレア継手は銅チューブの接合に使われ、着脱できます。あらかじめチューブの先端をラッパ状に拡管する作業が必要です。ラッパ状のところをフレアナットで尖塔形の相手に押し付けて接合します。

食い込み継手は鋼管チューブの接合に使われ、着脱できます。袋ナットの締込みにより、スリーブの一端がチューブに食い込み、もう一端の背が本体に圧着し、シールします。

接着・融着：塩ビ管やポリエチレン管などのプラスチック管に使われます。接着は接着材を塗布、融着は電熱で融着させます。

注：継手は接合方法を意味し、管継手はエルボなどの部品を意味しますが、厳密に守られていません。

要点BOX
- 小口径は差し込み溶接、それ以外は突合せ溶接
- ユニオンは機器取合部などに使用
- チューブ用継手にフレア、食い込み継手がある

溶接継手

突合せ溶接
ルート部

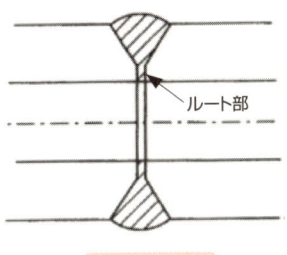

差し込み(ソケット)溶接

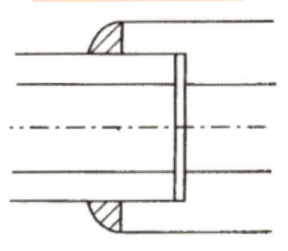

スリーブ溶接

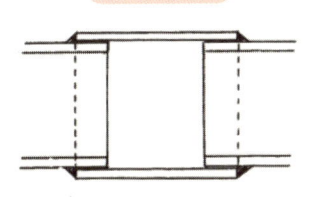

座の溶接

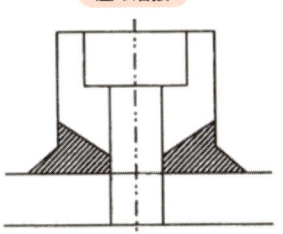

ねじ込み継手

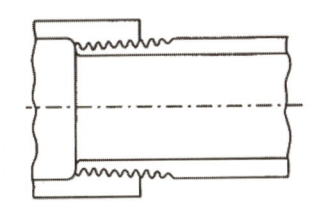

ユニオン継手
ユニオンねじ　ユニオンナット

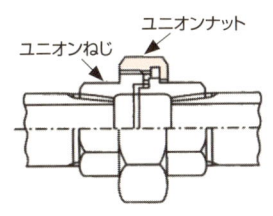

フレア継手
フレア

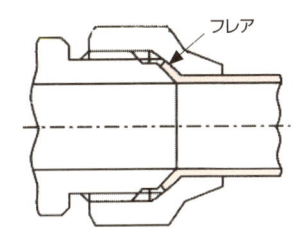

食い込み継手
スリーブ

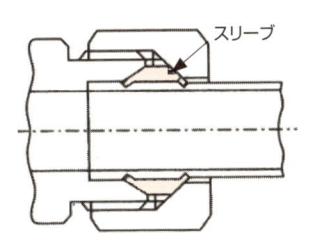

接着(プラスチック配管)
接着

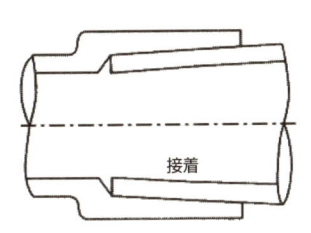

Column

配管で起きるトラブルの特徴

このコラムでは、運転に入った配管に起きるトラブルの特徴を紹介します。

配管を使用する産業分野はきわめて広く、いろいろな材料の配管がいろいろな使い方をされているので、起きるトラブルの特徴も業界により非常に差があると思われます。しかし、ほとんどの業界に共通して最も多いのは「腐食」によるトラブルと考えられます。

腐食を大別すると、水が関与しない乾式腐食と水が関与する湿式腐食がありますが、全般に多いのは、本書66項で取り上げた腐食です。水関与の腐食で最も多い均一腐食は腐食速度は遅いが、保守を怠れば、漏えいや管路の詰まりを起こします。次に注意するのは、性質を異にする金属間の電位差による腐食で、孔食、隙間腐食、酸素濃淡電池腐食、そのほかに多いトラブルにフランジ部などがあります。ガルバニック腐食(67項参照)してガルバニック腐食(67項参照)などがあります。応力腐食も塩素イオンを介在として電位差が関係しています。耐食性があるといわれるステンレス鋼も孔があくことがあるので注意が肝要です。

次に多いトラブルは振動による疲労破壊です。疲労破壊は応力が降伏点より低くても、応力振幅の繰返しで割れが入ります。割れは形状が不連続で応力集中する所、小径管(25A以下)をボス(座)にすみ肉溶接する付近、またサポートを取り付けるための金具を管や架台に溶接する箇所などで起きやすい傾向があります。管にサポートを取り付けるとき、溶接を使わず、できるだけクランプ(29項参照)を使用し、溶接が必要なときは、グラインダなどで形状を滑らかにすることが大切です。

ボルトからの漏えいがあります。締付け不良(締付け不足や片締め)、ガスケット座の面のゆがみ、ガスケット選定不良、平行度のでていないフランジ面、無理な据付けや配管熱膨張によりフランジにかかる過大な力、などが原因と考えられます。

バルブは配管で多数使われる可動部のある製品なので、トラブルには注意したいところです。多いのは、閉動作中に起きる物のかみ込みによる漏洩、ほかに、仕切弁でおきるスティック(締め込み過ぎて開けられない)、絞り過ぎによる振動、仕切弁、ボール弁で起きる異常昇圧(全閉時弁箱内の密閉部に閉じ込められた水が伝熱により昇温、異常に昇圧、弁箱や弁ふたが変形)などがあります。

第4章

プラント配管の
できあがるまで

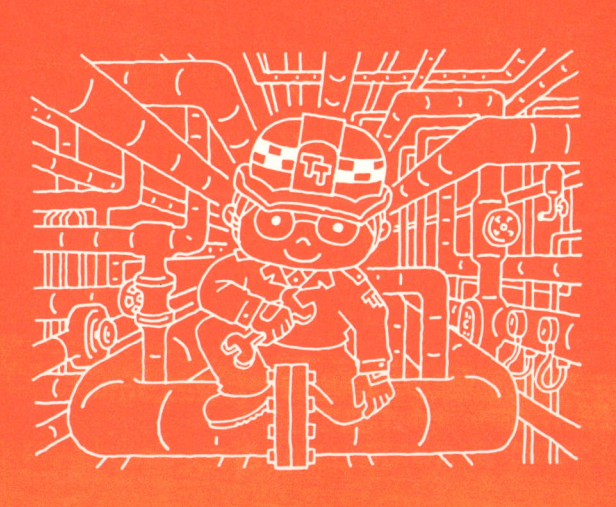

38 配管完成までのステップ

プラント完成の喜びに浸るためのステップ

石油化学や発電プラントでは、1本の配管の不具合がプラント全体の運転停止に至る場合も少なくありません。したがって運転後の配管に問題が起きないよう、設計、調達、製作、据付、試験・検査、試運転の各段階を通じ、正確な作業と綿密な管理が要求されます。左頁のチャートは標準的なプラント配管設備の設計から試運転までのステップです。

配管設計は土木・建築、電気・計装、空調、ボイラ、各種機器、塔槽類など、関連部門と関連が深く、設計が同時進行している部門と関連が深く、関連部門の遅れはすぐ配管設計の遅れにつながります。したがって設計段階でのスケジュール管理が重要です。また、安全、品質、コストの観点から、現場作業をできるだけ工場作業とするため、ブロック工法やモジュール工法が採用されています。この場合、ブロックやモジュール工法に組み込む、バルブを含む配管コンポーネント、機器、計装品などすべてのものが作業開始前に揃っている必要があります。

そのため調達・製造段階においても工程管理が的確に行われることがきわめて大切です。

左の各ステップにおいて、他の項で説明していない項目について、ここで説明します。

プレファブにおける切断・加工：管以外の配管部品は完成品の姿で入荷しますが、管は開先加工を中ぐり盤に似た「フェーサ」や「ポータブルフェーサ」で、また枝管を出すための母管の穴開け、曲面の穴に合わせた枝管の開先はNC制御で3次元曲面をガスで切断加工するパイプコースタなどにより行います。

化学洗浄：建設時に生成、付着した錆や油を化学薬品を用い、除去します。

フラッシング：配管内部をその配管に使用する流体（水、蒸気、油など）を使い、運転時より速い流速で流して、異物を洗い流します。すなわち、化学洗浄は化学作用で、フラッシングは動的作用で、運転時に残っていると有害なものを除去します。

要点BOX
- プラント完成までの工程は、設計、調達、製作、据付け、試験、洗浄、試運転と進む
- 関連部門の遅れは配管の遅れに直結

配管完成までのステップ

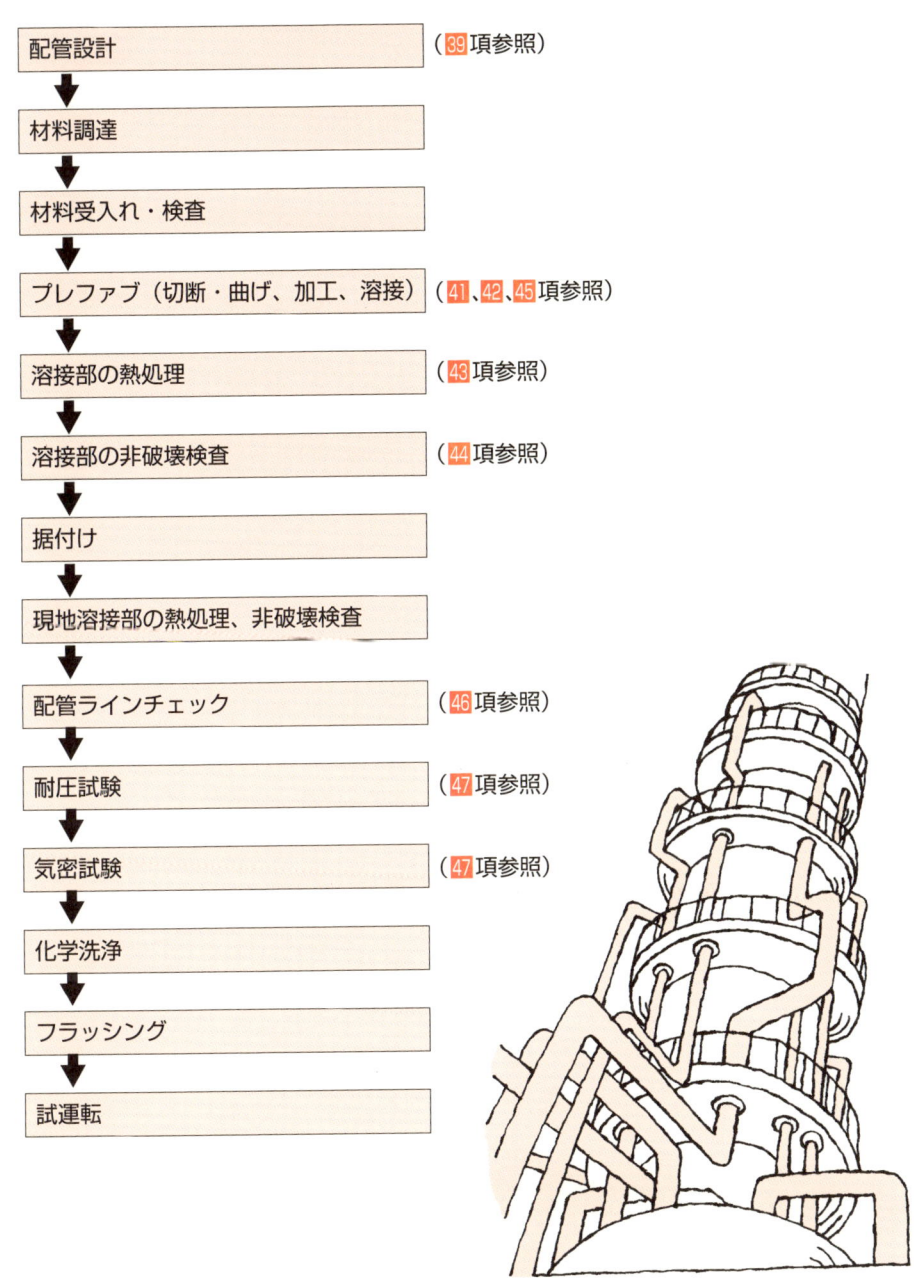

配管設計　　　　　　　　　（ 39 項参照）
↓
材料調達
↓
材料受入れ・検査
↓
プレファブ（切断・曲げ、加工、溶接）（ 41 、 42 、 45 項参照）
↓
溶接部の熱処理　　　　　　（ 43 項参照）
↓
溶接部の非破壊検査　　　　（ 44 項参照）
↓
据付け
↓
現地溶接部の熱処理、非破壊検査
↓
配管ラインチェック　　　　（ 46 項参照）
↓
耐圧試験　　　　　　　　　（ 47 項参照）
↓
気密試験　　　　　　　　　（ 47 項参照）
↓
化学洗浄
↓
フラッシング
↓
試運転

39 配管の設計手順

他部門と折り合いをつけつつ設計が進む

プラント配管設計は一般的に、上流の基本設計部門が、工程で決められた期日までに基本設計としてのドキュメントを完成させ、下流の詳細設計部門にバトンタッチし、詳細設計部門はそのドキュメントに基づき期日までに詳細設計を完了させます。

基本設計は、いわばプラントの骨格に当たるところの設計で、詳細設計はそれに肉付けをして、配管を製作、据付けるための図面・図書を完成させます。

化学プラントの場合、主に化学技術者で構成されるプロセス設計部門が作成したPFD（プロセスフロー線図）、物資収支シート、プロセス説明書、運転方案などに基づき、配管基本設計は、配管仕様書、プロットプラン、P&ID（配管・計装系統図）、ラインリスト、弁リスト、などを作成します。配管詳細設計は、基本設計図書に基づき、配管レイアウト、管強度計算、圧力損失の評価、配管口径・厚さの決定、熱応力解析、配管組立図作成、配管サポート計画、

材料集計、配管アイソメ図作成、などを行います。配管設計は他部門との情報交換が多く、彼らと協調をとりながら設計を進めます。

最も主要なドキュメントについて説明します。

プロットプラン：プラント内の機器、架構、主要配管概略ルート、その他諸設備の配置図のこと。プラント建設における最も基本的な図面。

P&ID：機器から機器への流体の流れを、機器、配管、記号化された配管の諸仕様と共に示した、配管の最も基本となる図面の1つ。

配管仕様書：配管の設計、製造、据付け、材料調達などにおいて守るべき法規・標準、規格、クラスなどを示し、配管全般、また各ラインに対する遵守・禁止事項を明らかにした図書。

配管レイアウト：建屋、機器、その他、形あるもののすべてを画きこんだ図上において、それらと協調をとりつつ最適の配管ルートを決めていく。

要点BOX
- 基本設計：P&ID、プロットプラン、配管仕様書
- 詳細設計：配管レイアウト、管仕様の決定、各種解析、アイソメ図、サポート計画、材料集計

プラント配管の設計の流れ

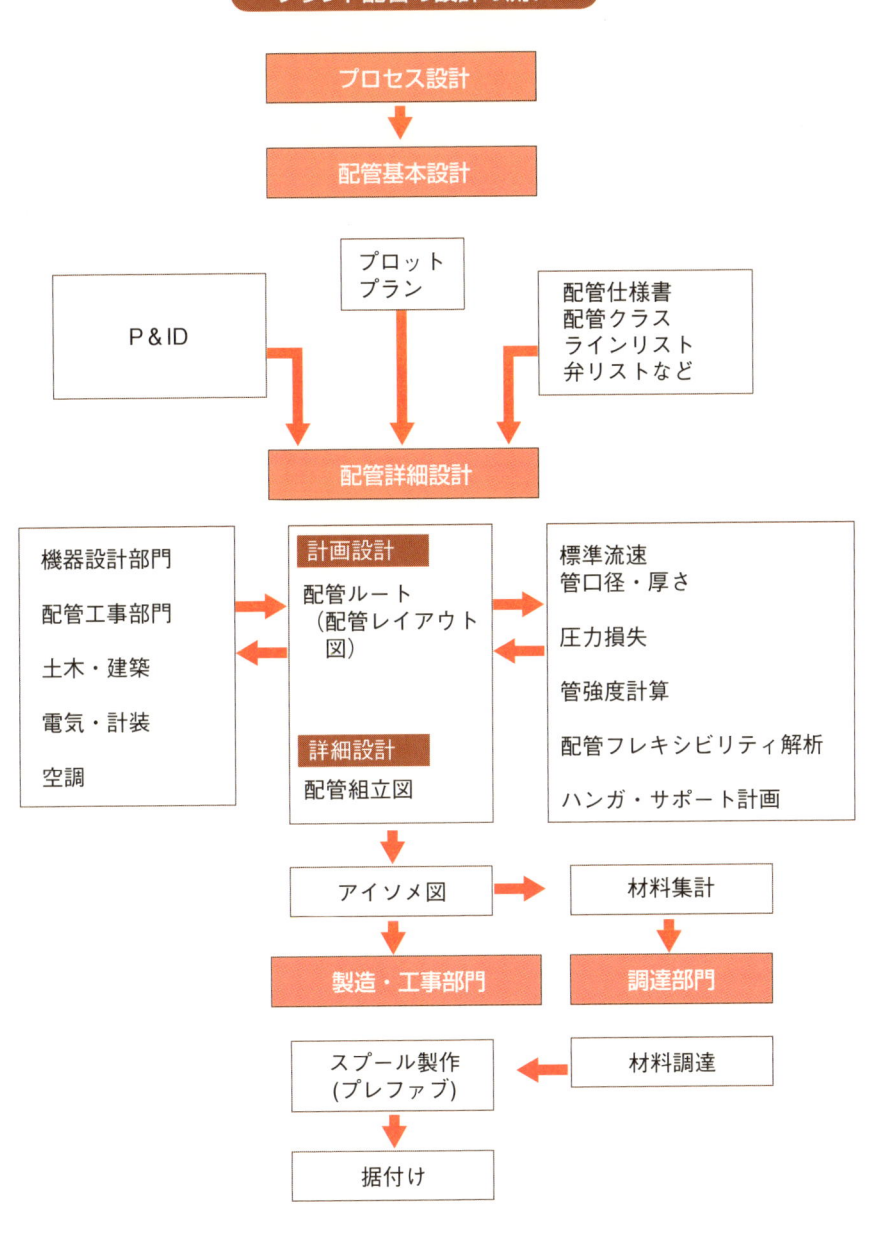

```
プロセス設計
    ↓
配管基本設計
    ↓
```

- プロットプラン
- P&ID
- 配管仕様書 / 配管クラス / ラインリスト / 弁リストなど

↓↓↓

配管詳細設計

- 機器設計部門
- 配管工事部門
- 土木・建築
- 電気・計装
- 空調

↔ **計画設計**
  - 配管ルート（配管レイアウト図）

↔ 標準流速 / 管口径・厚さ / 圧力損失 / 管強度計算 / 配管フレキシビリティ解析 / ハンガ・サポート計画

詳細設計
- 配管組立図
    ↓
- アイソメ図 → 材料集計
    ↓   ↓
- **製造・工事部門**   **調達部門**
    ↑   ↓
- スプール製作（プレファブ） ← 材料調達
    ↓
- 据付け

用語解説

アイソメ図：配管を等角投影法で描いた図。鳥瞰図(ちょうかんず)のようなもの

● 第4章　プラント配管のできあがるまで

40 設計のやり方

設計レビュー方法の変遷

プラント設計エンジニアリングの中核をなす配管レイアウトの検討は1970年代半ばまでは、手書き図面で行われていました。エレベーション（基準レベルからの高さ）で層を区切って、その層の中にある50Aないしは65A以上のすべての配管、ケーブル、ダクト、機器、建屋の外形を入れた図面より、設計レビューにおいて、配管密集区域の配管ルートを読み取るには、配管図の読みなれた人でないと難しい状態でした。

1980年代に入ると、より容易にかつ詳細に、配管レイアウトのレビューのできる方法として、図面と併用するかたちで、プラントの1／10から1／25縮尺の「プラスチックモデル」を使って、設計レビューが行われるようになり、配管レイアウトが実物と同じようにイメージできるようになりました。管や管継手、弁などのモデル部品は当初米国から輸入されていましたが、後、国産化されました。しかし、モデル材料費、モデル製作と設計変更に伴う修正作業にかかる人件費は多額なものとなりました。

ITの発達に伴い、1980年代の半ばごろから、配管レイアウトの計画・設計・レビューに3次元CADシステムが導入され始めました。このシステムには管、管継手、弁などの基準寸法が標準として備わった、建屋、機器の形状に関する電子データを関係部門からダウンロードできます。配管ルートはI／Pしますが、標準図、建屋、機器のデータを使うことにより、能率的に配管レイアウトの作図を進めることができます。このシステムは、管の干渉を自動的にチェックし、レビューに際して平面図だけでなく、面図を瞬時に表示します。また、現場をパトロールする人の眼から見た仮想の景を動画で示す機能もあります。配管レイアウトのデータを使って、材料集計、プレファブ用のアイソメ図の作成、熱応力解析もできます。これら機能をもったものをCAEシステムと呼ぶこともあります。

要点BOX
- 手書きの全体配管図はプロだけが読めた
- プラスチックモデルは手間がかかった
- 現在は3次元CADの時代

図面による設計レビュー

プラスチックモデルによる設計レビュー

3D CADによる設計レビュー

用語解説
3D:3次元
CAD: Computer Aided Design

● 第4章　プラント配管のできあがるまで

41 ベンドの製造

昔は配管職人の腕の見せどころ

極厚肉の管や、スムースな流れとしたい曲げ部にはエルボの代りにベンドを使います。65A以上の厚肉管のベンドは、昔は"焼き曲げ"といわれる方法で行われましたが、この方法は非常に熟練を要しました。焼き曲げの半径は一般に細い管は3×口径、太い管は5×口径でした。焼き曲げされる管は、曲げたとき管断面が楕円に変形しないように、管の中に砂をハンマリングしながら、硬く詰め込み、最後に木栓を打ち込みます。砂詰めされた管の曲げる箇所を火床の上に置き、下から木炭やコークスで管の曲げる箇所を一様に加熱します。全体が均一に焼けた頃、蜂の巣状の定盤の上へ移し、管端が移動しないように、管の両側にピンを打ち込み、さらに曲げようとする箇所の内側にもピンを入れ、もう一方の管端を引張ります。管の断面が楕円にならぬよう、また曲げの内側にしわができないよう、外側の厚さが薄くなりすぎないよう、細心の注意を払い、要所ごとにやかんで水をかけて局部冷却したり、逆にガスで焙ったり、ハンマなどで変形を防ぎながら、あらかじめ準備した"型"に一致するように曲げます。最後に砂を抜き、管内に焼きついた砂を除去し、形状の確認をして焼き曲げ作業を終えます。

1965年ごろから、高周波誘導加熱による曲げが行われるようになり、出来ばえがよく欠陥も少ないので、現在この方法が使われています。管の曲げは高周波加熱コイルで曲げる管の狭い幅だけを加熱しつつ管を一定速度で後ろから押します。その管の前方の端は回転アームの先に固定されていて、アームが回転して曲げ応力が発生する場所が加熱箇所に一致するようになっています。加熱箇所は降伏応力が下がり、変形しやすくなっているので、アームの曲率に合わせ変形します。管を押してアームを回転し続ければベンドが出来ます。曲げ変形をしたところは直後冷却し、剛性を回復させ扁平になるのを防ぎます。

要点BOX
- エルボのない極厚管などにベンドを使用
- 昔の焼き曲げは職人の経験にたよっていた
- 現在は高周波誘導加熱によりベンドを製作

昔の焼き曲げ

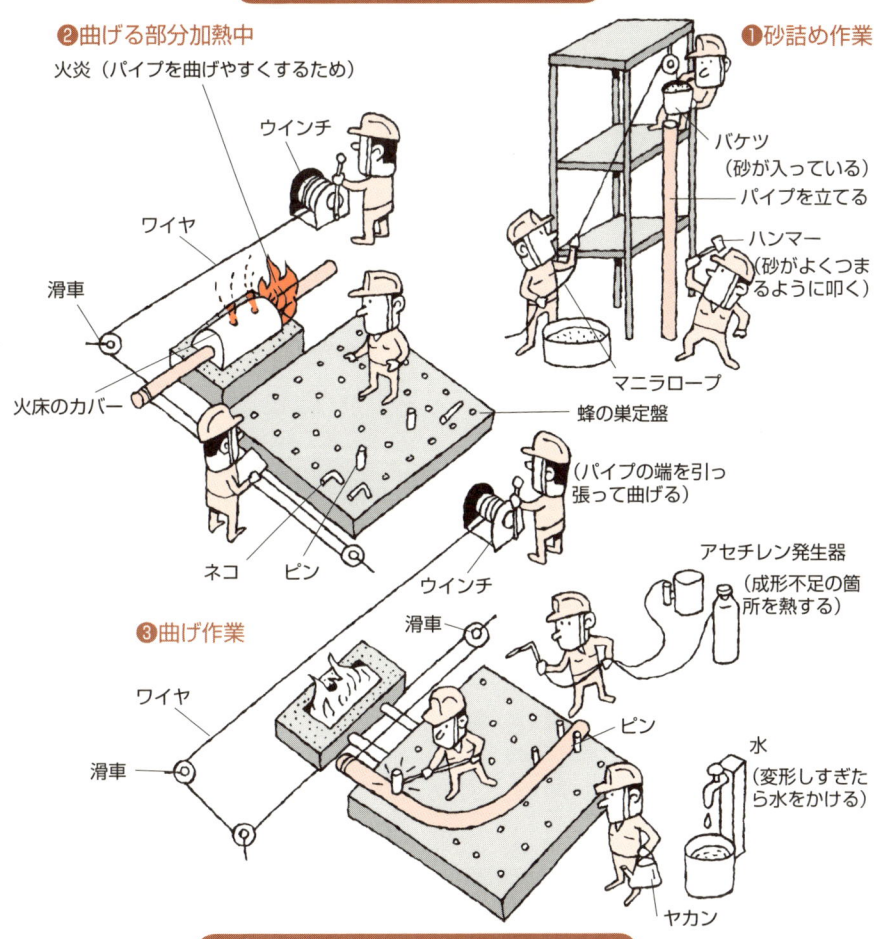

❷ 曲げる部分加熱中
- 火炎（パイプを曲げやすくするため）
- ウインチ
- ワイヤ
- 滑車
- 火床のカバー
- ネコ
- ピン
- 蜂の巣定盤

❶ 砂詰め作業
- バケツ（砂が入っている）
- パイプを立てる
- ハンマー（砂がよくつまるように叩く）
- マニラロープ

❸ 曲げ作業
- ワイヤ
- 滑車
- ウインチ（パイプの端を引っ張って曲げる）
- アセチレン発生器（成形不足の箇所を熱する）
- ピン
- 水（変形しすぎたら水をかける）
- ヤカン

現在の高周波誘導加熱による曲げ

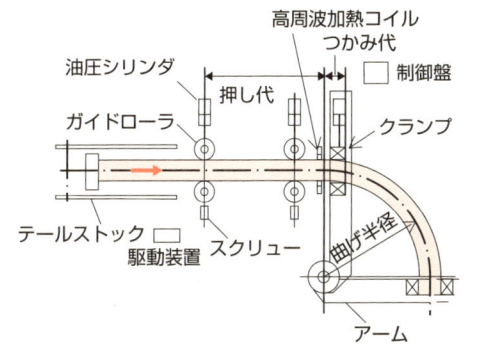

- 高周波加熱コイル
- つかみ代
- 油圧シリンダ
- 押し代
- 制御盤
- ガイドローラ
- クランプ
- テールストック
- 駆動装置
- スクリュー
- 曲げ半径
- アーム

高周波誘導加熱コイルにより局部的に加熱された管の先端をアームのクランプが掴み、管の後ろから押すと、管は加熱された局部で曲げを与えられ、アームの腕の長さが曲げ半径のベンドに成形される

（出典：㈱第一高周波工業カタログ）

42 配管に使われる溶接技術

配管は外側からしか溶接できない

現在、配管に使われる溶接はアーク放電で得られる熱で金属を溶かす「アーク溶接」が一般的です。

配管の溶接は、人が管の内側から溶接できる大径管の場合は、肉厚の半分ほどを管の内面からはつり取ってから、外側から溶接する「X開先」をとりますが、人が中に入れない大半の配管は、外側からの片側溶接となります。

1960年代半ばごろまで、配管の溶接は被覆アーク溶接による溶接で、この方法では初層溶接の際、ルート部（87頁参照）から溶融金属が管内部へ垂れてしまうのを防ぐため、ルート部内側にバンド状に当て金を入れる必要がありました。しかし、裏当て金は管内の流体がそこに当たって乱れを作り、圧力損失の増大や、エロージョンという腐食をもたらしました。片側溶接で裏当て金を使わずに溶接するためには、開先ルート部が完全に溶け込んで、裏波（溶接部を管内側から見たとき、波状になっている）ができていなければなりません。1960年、中ごろから裏当て金を使用しないで、初層に比較的容易に裏波が出るテイグ（TIG）溶接が使われ始めました。

TIG溶接には、溶接の火花が出るところにアークをとばすための消耗しにくいタングステン電極、溶接部にメタルを供給する溶加棒、そしてアークを空気から遮断するアルゴンガスが存在します。一方、被覆アーク溶接は、電極とメタル供給源の役が溶接棒の心線、不活性ガスは溶接棒の被覆の燃焼により生じさせています。現在は、初層または2層までをTIG溶接で、残りの層を被覆アーク溶接でやるのが一般的です。

TIG溶接は溶加棒がなくなると、そこで作業を中断せねばならない不便さがあります。ミグ（MIG）溶接、マグ（MAG）溶接の各溶接法（シールドガスの種類により名前が変わる）はスプールに巻かれた長いワイヤ（溶加棒）が自動的に供給されるようにした溶接方法で、半自動溶接ともいわれ、よく使われています。

要点BOX
- ルート部の溶落ち防止に裏当金が使用された
- 現在は初層TIG溶接による裏波を出す溶接
- 半自動溶接は、MIG、MAG溶接

TIG溶接

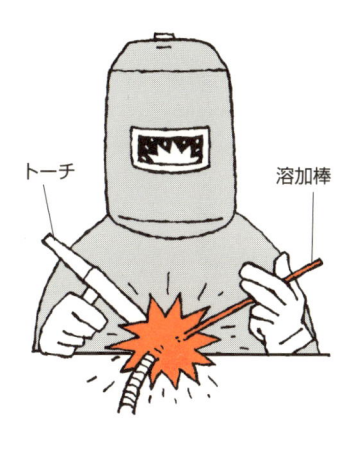

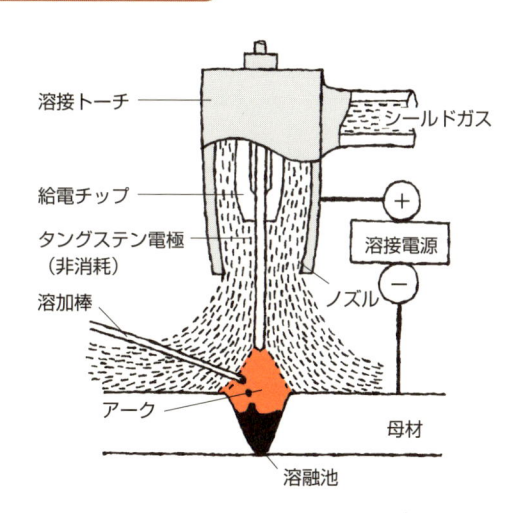

- トーチ
- 溶加棒
- 溶接トーチ
- シールドガス
- 給電チップ
- タングステン電極（非消耗）
- 溶加棒
- アーク
- ノズル
- 溶接電源
- 母材
- 溶融池

突合せ溶接の開き

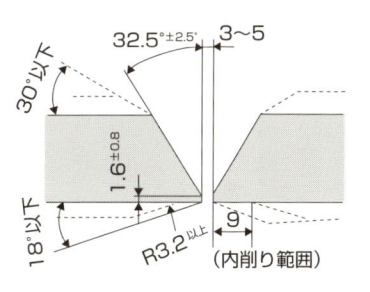

- 30°以下
- 32.5°±2.5°
- 3～5
- 1.6±0.8
- 18°以下
- R3.2以上
- 9
- （内削り範囲）

厚さ 22.4 ミリ以下

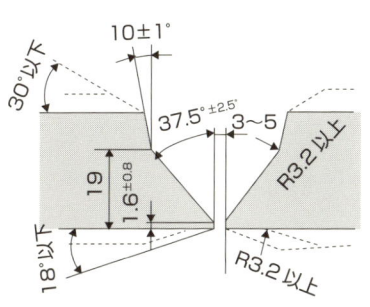

- 30°以下
- 10±1°
- 37.5°±2.5°
- 3～5
- 19
- 1.6±0.8
- R3.2以上
- 18°以下
- R3.2以上

厚さ 22.4 ミリを超えるもの

MIG、MAG溶接

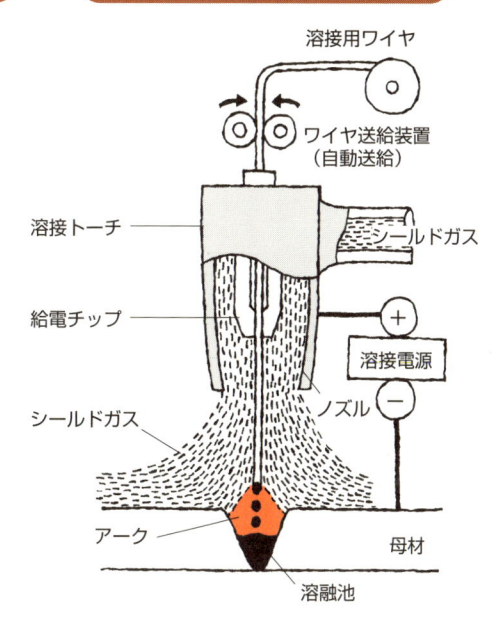

- 溶接用ワイヤ
- ワイヤ送給装置（自動送給）
- 溶接トーチ
- シールドガス
- 給電チップ
- シールドガス
- ノズル
- 溶接電源
- アーク
- 母材
- 溶融池

43 溶接部の熱処理

溶接したところは引きつっている

溶接後、溶融した溶接部が冷却により固体化する過程において、溶融部金属は収縮により、隣接する溶けなかった金属に引張られるかたちになり、引張り応力が生じます。一方、溶融部に隣接する部分は引張り応力の反力として、圧縮応力が生じます。これらの応力を、溶接部に生じる「残留応力」といいます。

残留応力は部材に外部荷重がかかっていないときでも存在する応力で、外部荷重がかかると、その応力が残留応力に上乗せされるので、応力が高くなります。配管振動のような高周波振動は残留応力があると、疲労により寿命を縮めたり、また、応力腐食割れが起こりやすくなったりします。

残留応力を取り去るには、溶接後に加熱する「溶接後熱処理」、いわゆる「応力除去焼きなまし」を行います。その方法には、大型の炉に入れて均一に加熱する「炉内焼きなまし」と溶接部付近を局部的に加熱する「局部焼きなまし」とがあります。

局部焼きなましはインダクションコイルを管に巻き、交流電流を流す（高周波誘導加熱原理を図に示す）によるか、電気抵抗（ヒータニクロム線）から出る遠赤外線の熱線による加熱によります。後者は比較的、小径、薄肉管に適用されます。加熱温度は炭素鋼で、600〜650℃程度、低合金鋼（2.25Cr、1Mo）で670〜720℃程度です。

溶接前に加熱する予熱は厚さ25ミリ以上の軟鋼、炭素量の多い炭素鋼、低合金鋼、マルテンサイト系ステンレス鋼の場合行われ、材質に応じ50℃〜350℃程度の加熱を行います。

予熱を行う目的としては、
① 溶接金属と熱影響部の溶接後の遅れ割れ（低温割れ）を防止する。
② 溶接金属と熱影響部が硬くなるのを抑制し、延性が改善される。
ことがあります。

要点BOX
- 溶接をすれば残留応力が発生する
- 残留応力は後熱処理により取り去れる
- 溶接前の予熱は遅れ割れ防止と延性を改善

溶接後の残留応力

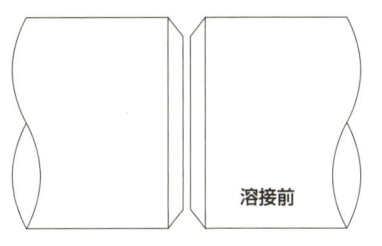

溶接前

溶融部は径方向に若干縮む

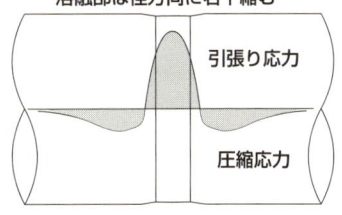

引張り応力

圧縮応力

溶接後の残留応力
溶接による溶融部は、冷えて固まる際、収縮するが、溶けなかった周囲に拘束されて、引張り応力を生じる。一方、溶けなかった周囲はその反力として、圧縮応力を生じる

高周波誘導加熱の原理

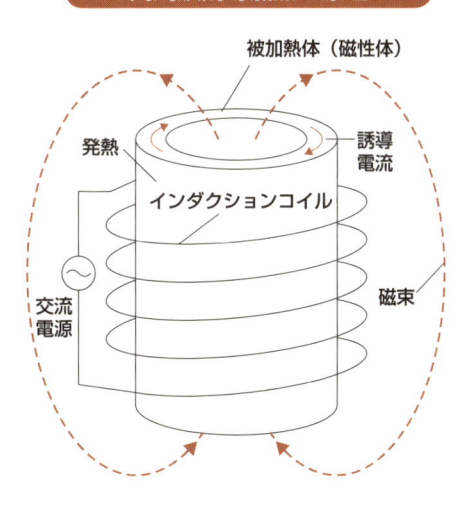

被加熱体（磁性体）
発熱
誘導電流
インダクションコイル
交流電源
磁束

予熱

発熱　インダクションコイル
保温　開先部　固定治具

後熱処理

発熱　インダクションコイル
保温　溶接部

電気抵抗ヒータ
保温　溶接部

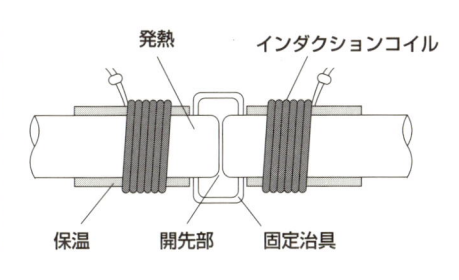

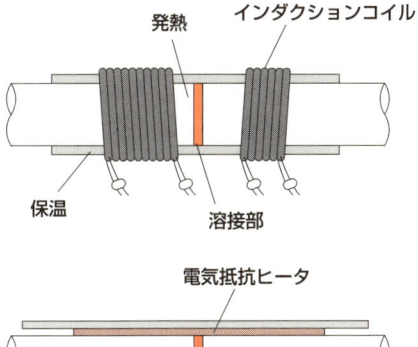

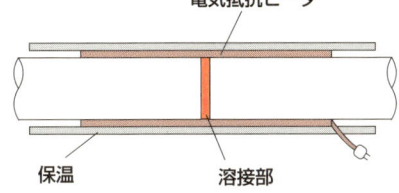

用語解説

軟鋼：通常、炭素含有量が0.2ないし0.3%以下の炭素鋼
遅れ割れ：溶接後、数時間から数日、あるいはそれ以上経って、溶接部に割れが入ること

44 配管の非破壊検査

検査するものを壊しては元も子もない

非破壊検査とは、その言葉のように、検査する箇所を破壊することなく欠陥の有無・状況を検査する技術・方法です。その代表的なものに、放射線透過、超音波探傷、磁粉探傷、浸透探傷、他に渦電流探傷があります。その概要と特徴は次のようなものです。

① 放射線透過試験：X線とγ（ガンマ）線という放射線が使われます。これら放射線は物質をよく透過し、反射されることが少ない電磁波の一種です。X線はX線管に高電圧をかけ、発生させ、γ線の線源は放射性同位体イリジウム192または同コバルト60を利用します。検査は放射線が被試験体を通過するとき、厚さに応じて指数的に弱くなることを利用します。透過してきた放射線をフィルムに受け、その感光度合いにより、欠陥を評価します。

② 超音波探傷試験：超音波は気体、液体、そして個体の中を伝播します。波は直進性があり、異なる材料との境で反射する性質があります。超音波探傷は被試験体表面から超音波パルスを内部に送り、内部の傷から反射されてくる超音波（エコーという）を検出し、エコーの大きさと戻ってくるまでの時間から傷の大きさと距離を知ります。

③ 磁粉探傷試験：磁石になる金属（たとえば鉄）は磁化すると、磁束が生じます。この磁束は被試験体の表面およびその直下に磁束の通過を妨げる傷があると、空間に漏洩し、傷の両側に漏洩磁束がでてきます。被検査面に磁粉を撒くと漏洩磁束により、傷部に集中的に吸着され、幅が拡大された傷の指示模様を呈します。

③ 浸透探傷試験：被試験体表面に塗られた浸透液（赤い染色浸透液または黄緑色の蛍光浸透液）は表面に傷が出ていると、傷内部に浸透し、表面の液を拭い去ったあと、白い粉末を散布すると、傷内部の浸透液が粉に吸い出され、指示模様を呈します。傷は表面に開口している必要があります。

要点BOX
- 放射線透過と超音波探傷は内部欠陥に有効
- 磁粉探傷は表面とその直下の傷に有効
- 浸透探傷は表面に出ている傷に有効

放射線透過試験

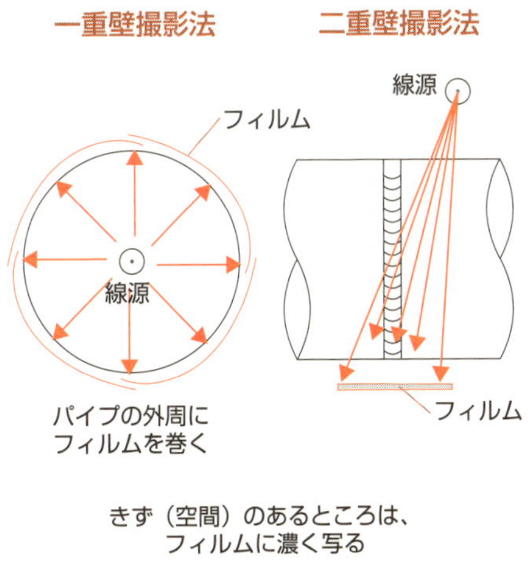

磁粉探傷試験

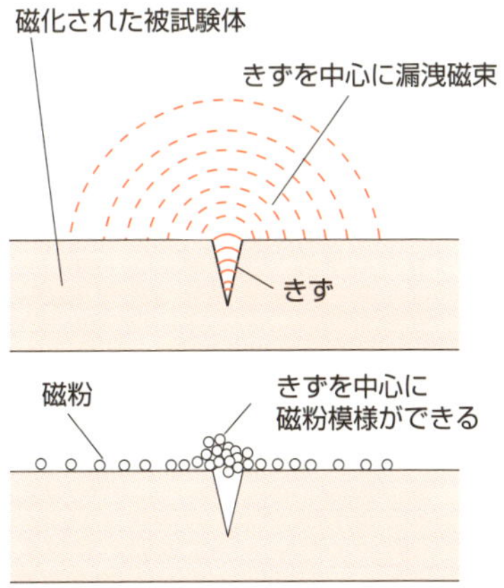

浸透探傷試験

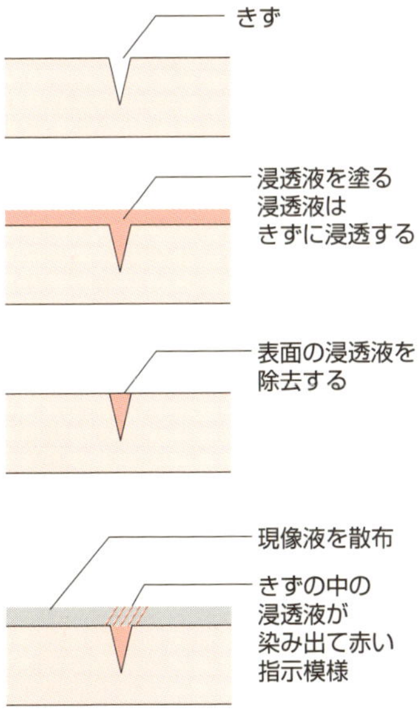

超音波探傷試験

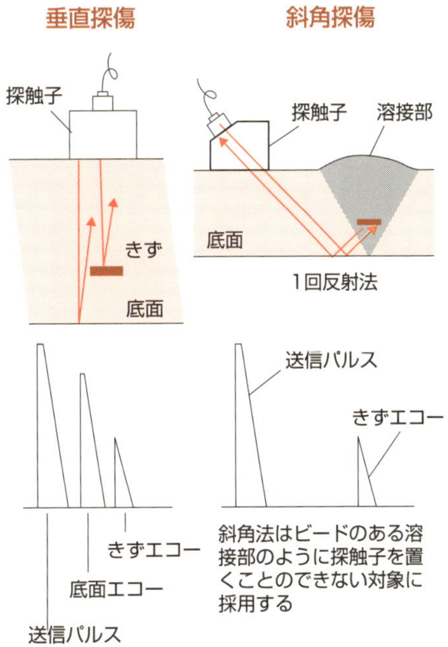

45 配管の組立

現場合せからブロック工法へ

1960年代の始めまでは、プラントの配管工事は配管が機器と機器の間にうまく収まるように、現場で合わせながら、管を切断、溶接する方法が一般にとられていました。それは、取合う機器の座の面が、機器の基礎工事により図面寸法通りにならないことが多かったためです。配管は現場合わせが主体であったため、配管図も詳細なものではありませんでした。

しかしこの方法は作業効率がわるく、悪条件下の作業も多くなるので、品質には限界がありました。それらの問題を解決するため、1960年代中ごろから、「ショッププレファブ方式」が採用されるようになりました。この方式は配管をトラック輸送できるサイズのピース（スプールピース、またはスプールと呼ぶ）ごとに分割し、工場でスプール単位に組んでから、建設現場へ送るものです。その方法の特徴として

① 工作用図面（スプール図、またはアイソメ図）を作成する。

② スプールの要所要所に調整代（100ミリ程度、図面寸法より長くしておく）を設けておく。

③ 省力のため配管加工の専用機械を開発し、管の溶接は管を回転させて行う、などがあります。現場作業場では、現場作業を減らして、取り付け現場へ持ち込みだけ大きなパーツに組み立てて、取り込み可能な、できるだけ大きなパーツに組み立てて、取り込み可能な、できる

さらに現場作業を減らして、省力と品質向上を図ったのが「ブロック工法」（モジュール工法）です。ブロック工法は、プラントの一区画内にある槽・熱交換器・ポンプなどと、それらに付帯する配管、弁、計装品、サポート、保温、プラットフォーム、階段、などを一式、共通の架台などに組み込んだもので、各ブロックごとに現場に据付け、ブロック間の取合部を中心に作業すればよいので、省力、品質、災害防止の点で優れています。一般には、ブロック工法は配管密度の濃い区域に適しています。

要点BOX
- 現場作業を少なくする方向で組立方法が変遷
- プレファブ対象は50ないし65A以上の配管
- ブロック工法は配管密度の濃い区域が有利

現場溶接

プレファブ

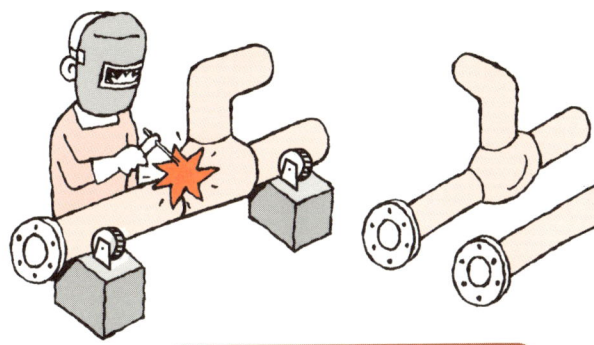

ブロック工法

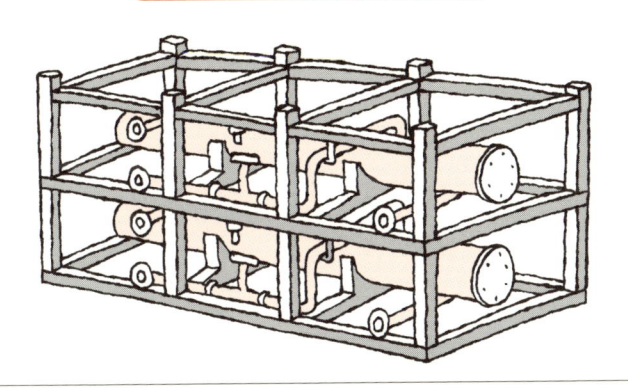

用語解説

プレファブ方式：工場であらかじめできるだけ組み立てていく方式
プラットフォーム：バルブ、計器、機器などの視認、点検、分解のために設けられた作業台

46 ラインチェック

配管工事完成の条件

ラインチェックは配管の耐圧気密テストと並んで、プラントの完成へ向けて行う重要なイベントの1つです。

ラインチェックは、保温のない状態で、耐圧気密テストに先んじて行われます。

ラインチェックの目的は、施工の終わった配管が、工事図面と合致しているか（通常は最新のP&IDと現物との照合を行う）、適用される仕様書、規格、法規を満足しているか、設備の運転、メンテナンス、安全の面で問題がないか、現物を見てチェック・確認し、不適切な点があれば是正工事をします。

ラインチェックの結果の評価と、是正処置が終わって初めて、耐圧気密テストに入ることができます。

ラインチェックは、ラインごとに行い、客先エンジニア、配管工事監督者、配管設計担当者の参加は必須で、プロセス設計、QC担当者も参加すべきものです。

チェック項目は以下のとおりです。

① 配管材の材質：鋳出し、刻印、ステンシル（材質、サイズなどを打抜いた型を使い、管に塗料で吹付けたもの）により確認する。それらのないものは、色別管理方法などを採用して、確認する。

② P&IDとの照合：ライン上にある機器、計器、スペシャルティ（トラップ、ストレーナ、検流計、など）を照合し、取付位置の照合も行なう。P&ID記載の注意事項が守られているかを確認する。

③ 操作性、アクセス性：弁や計器に近づけて、弁の操作や計器の視認に支障ないかを確認する。

④ メンテナンス性：機器、弁、ストレーナなどの分解、保守に支障ないかを確認する。

⑤ 配管サポートの確認：サポート図と照合する。管の熱膨張による移動に対し、不適切な拘束やスライドサポートの脱落しそうなところがないか、などを確認する。

⑥ その他、配管全般にわたって不具合箇所がないか探す。

要点BOX
- ●耐圧、気密試験の前に実施
- ●工事、設計、品質管理などの部門担当者が参加
- ●配管とP&ID、仕様書などとの整合性をチェック

ラインチェック

ラインを1本ずつ綿密にP&IDと照合していく

こんなところの是正が必要

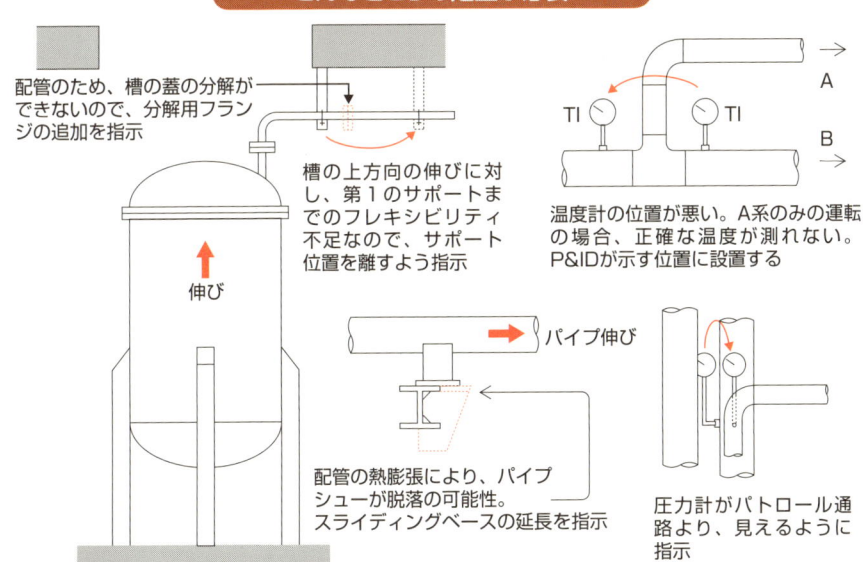

配管のため、槽の蓋の分解ができないので、分解用フランジの追加を指示

槽の上方向の伸びに対し、第1のサポートまでのフレキシビリティ不足なので、サポート位置を離すよう指示

伸び

温度計の位置が悪い。A系のみの運転の場合、正確な温度が測れない。P&IDが示す位置に設置する

パイプ伸び

配管の熱膨張により、パイプシューが脱落の可能性。スライディングベースの延長を指示

圧力計がパトロール通路より、見えるように指示

用語解説

ライン：本項での意味は、P&ID上で、ある境界（機器ノズルや分岐点が多い）からある境界までの1本（枝管がつくこともある）の配管。ラインごとにライン番号が付けられている

47 耐圧・気密試験

気密試験に先立ち耐圧試験

プラントにおいては、配管装置などの耐圧部の安全性と性能を最終的に確認するため、耐圧試験と気密試験を実施します。

耐圧試験と気密試験は、それを実施する際の安全性、作業性、試験媒体（液体）の特性、などを考えて、一般的に耐圧試験は水を使用し、気密試験は空気を使用し、試験が行われます。万が一、気密試験で破裂事故が起きると気体のため、被害が大きくなる（気体は圧力が減ると膨張する）ので、水圧試験でまず強度を確認後、気密試験を実施します。

「耐圧試験」は配管装置が最初の運転に入る前に、水などを用いて耐圧部に所定の圧力を加え、所定の時間保持し、その圧力に耐えうることを確認する試験です。通常、水を用いますが、水で不都合がある場合、たとえば、水の重量で著しく変形する恐れがある場合とか、構造的に水を抜くことが困難である場合などは、気体を用います。

「耐圧試験圧力」は適用される法規によりますが、水の場合は、設計圧力（最高使用圧力ともいう）または常用圧力（計画時に予想される最高の運転圧力）の1.5倍が、また気体で耐圧試験を行う場合は、上記圧力の1.25倍が一般的です。試験圧力をかける時間は法規によりますが、10分以上を規定している場合と規定していない場合があります。規定のない場合は、5〜20分間を標準とすることが望ましいです。圧力計の位置と数は被試験配管の最も高い位置に2個以上設置します。それは低い位置に設置した場合、その位置より高い配管は高さの差の水頭分、圧力が低くなり、規定圧力に達しない可能性があるからです。

「気密試験」は水圧試験のあと、気体で行われます。その試験圧力は、法規によって異なり、設計圧力、または常用圧力の場合と、その1.1倍の場合とがあります。漏れの検知は一般には発泡剤を塗付して、泡の発生の有無によります。

要点BOX
- 耐圧試験後、気密試験を実施
- 耐圧試験は水で耐圧強度を確認
- 気密試験は気体で漏洩の有無を確認

水圧試験

保温前の配管

足場

水圧試験用ポンプ

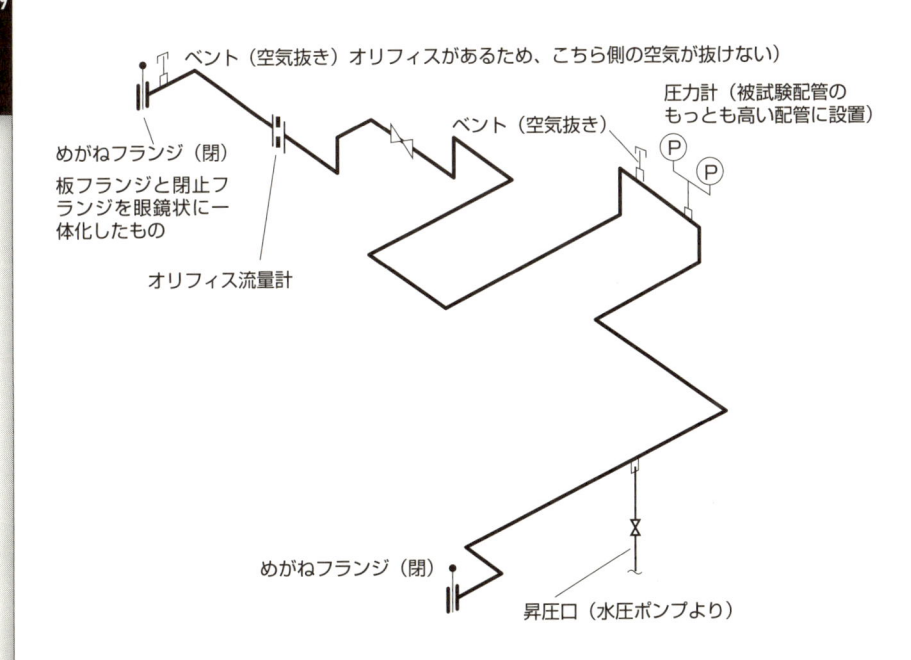

設計圧力以上の圧力をかけて、強度を確認する

ベント（空気抜き）オリフィスがあるため、こちら側の空気が抜けない）

めがねフランジ（閉）
板フランジと閉止フランジを眼鏡状に一体化したもの

オリフィス流量計

ベント（空気抜き）

圧力計（被試験配管のもっとも高い配管に設置）

めがねフランジ（閉）

昇圧口（水圧ポンプより）

Column

配管にやさしいポンプ

63項と88頁で取り上げたように、配管の振動原因の1つにポンプの脈動があります。脈動の起きる概略のメカニズムを、ポンプの中でも最も多く使用されている「うず巻ポンプ」を例に、説明します。

うず巻ポンプは、ポンプ入口から入った流体が羽根車の中央部から羽根車に吸込まれ、羽根車の回転により速度と圧力を与えられ、羽根車から、羽根車の外側を取り巻いている、うず巻状のボリュート室に入ります。ボリュート室は流体の速度エネルギーを圧力に変える働きをします。ボリュートの出口はポンプの出口につながっています。

ボリュート室の壁は、うずの巻き始めのところで、逆流が生じないように、羽根車の先端に極めて接近しています。この部分を「舌部」といいます。羽根車の個々の羽根がこの舌部を通過する度に圧力波がでます。これが圧力脈動です。1枚の羽根が舌部を通過して、次の羽根が舌部を通過するまでが、脈動の1サイクルであり、その間隔が周期です。

うず巻ポンプにはボリュート室が対向して2つ付いている「ダブルボリュートポンプ」があります。このポンプの羽根が偶数枚だと、2枚の羽根が同時に舌部を通過するので、圧力脈動は重畳され、2倍の高さになります。奇数の羽根枚数にすれば1枚の羽根が舌部を出て半周期後に別の舌部を羽根が通過するので、半周期ずれた波、つまり、最初の波に対し逆位相の波が重畳されるので、理論的には、脈動は相殺されます。したがって、ダブルボリュートの、羽根が奇数枚のポンプは、配管にやさしいポンプといえます。

偶数枚羽根の脈動合成波

奇数枚羽根の脈動合成波

ボリュート室

舌部

ダブルボリュート

シングルボリュートの脈動

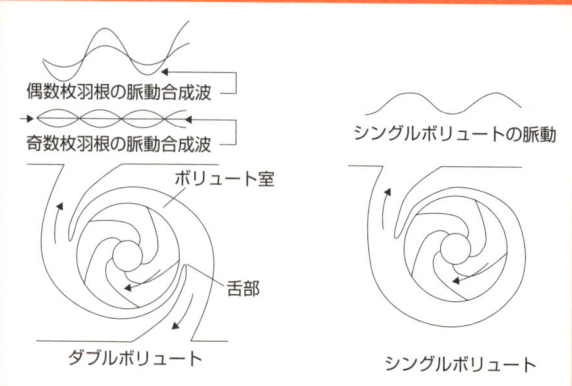

シングルボリュート

第5章 配管を取り巻く技術

●第5章 配管を取り巻く技術

48 配管技術をはぐくむ

4力学が大事

配管技術者が習得すべき配管技術とは何でしょう。左頁の左枠内は配管技術者に特に必要な「基礎学」と工学、右枠内は配管技術者に必要な経験と製品知識、専門知識を示しています。

基礎学のうち、数学は、代数、三角関数、対数、微積分などの基礎を、物理は特に力学的な考え方を、化学は、化学的な製品を作るプラントでは、配管技術者でもかなりの化学知識を必要とするでしょう。化学に関係のない分野の場合は、腐食における化学などの基礎知識を必要とするでしょう。

「4力学」の内、材料力学は配管とその付属品の強度評価のために、水力学は配管の損失水頭を評価したり、配管内の流れの特性を理解するために必要です。機械力学は配管につきものの振動を理解するため、熱力学は配管が熱との関係が深いので、いろいろな場面での現象の理解に必要となるでしょう。

配管設計の各種の強度解析や現象の評価はコンピューターソフトを使って行われます。そのソフトが適正なものであっても、方法（たとえば、FEMにおけるメッシュの切り方）やインプットデータを誤れば、間違った結果が出ます。したがって、アウトプットのチェックが欠かせませんが、まともに手計算でチェックしようとしても不可能で、簡易計算か洞察力で評価することになります。その時、力になってくれるのが基礎学と4力学です。これらの原理、法則を駆使してアウトプットの最善の評価方法を考え出します。

知識・経験の内、配管ルート設定のノウハウを真に身に付けるにはかなりの年月がかかり、実際に自分でルート計画を経験する必要があります。それ以外の諸々の知識は、実務の経験を積みながら、吸収していきますが、これらも4力学の理解があれば単なる情報的知識ではなく、理論に裏打ちされた知識として理解できるでしょう。したがって、4力学の学習が非常に大切であることを強調しておきます。

要点BOX
- ●材力、水力、機械力学、熱力学が大事
- ●コンピュータソフトに頼りきらない
- ●配管ルート計画は自ら経験する

配管技術に必要な工学知識・経験

前頭連合野
側頭連合野

工学で考える

基礎学
- 数学
- 物理学
- 化学

4力学
- 材料力学
- 流体力学（水力学）
- 機械力学
- 熱力学

- 伝熱工学

学習で得た知識・経験

ノウハウ
- 配管ルートの設定

製品知識
- 材料
- 管・管継手
- バルブ
- ハンガ・サポート
- スペシャルティ
- 計装
- 保温
- 溶接

専門知識
- 配管フレキシビリティ
- 振動
- 腐食・防食

各専門分野特有の知識

関連部門の知識

用語解説

FEM: 有限要素法。数値解析手法の一種。対象モデルをメッシュ（網目）状に切り、コンピュータを使って解析する

49 管の耐圧強度

A×p＝B×Sの考え方をマスターする

流体輸送に使われる管は、流体通路の断面は円形です。円形断面の管は、他の形状断面にくらべて、強度的には内圧に対する管の厚さを最小とすることができ、また、流体通路の断面を最小とすることができ、さらに、製造面でも他の断面形状にくらべ経済的に造ることができるメリットがあります。

密閉された管の内圧をだんだん高くしていくと、管は内圧により、「焼いた餅」のように膨れてきます。これは管の壁を形づくっている金属が内圧により引っ張られて伸びるためです。さらに内圧を高めていくと遂には破裂します。その破裂の仕方は一般に、管の壁が管の円周方向に引張られて、裂けます（上段の中図）。それは、周方向に引張られる応力が強度限界（材料の引張り強さ）を越えたからです。軸方向に引張られる力（応力）により、周に沿った裂け方（上段の下図）はしません。理由は軸方向応力が周方向応力の半分に過ぎないからです。

ここからは下段の図を見てください。流体通路の断面が円形の場合、内圧に対する強度を評価する式は「流体通路の内圧が管を分断しようとする力」と「管の壁に生じる応力が分断されまいと抵抗する力」が等しいと置くことにより求めることができます。前者の力は［（圧力）×（圧力を受ける面積）］で、また、後者の力は［（管壁に生じる応力）×（応力を受ける面積）］すなわち、管壁のメタル面積］で、求められます。式で表せば、

$$A \times p = B \times S \cdots\cdots① $$

①式のBは応力が生じるメタル部の面積ですから、必ず管壁の厚さtが含まれています。したがって上式は、S＝の式にも、p＝の式にも変形することができます。下の図は、周方向の応力が軸方向の応力の2倍になることを示しています。すなわち、内圧に対する管の強度は、強度を支配する周方向内圧に対する管の強度は、強度を支配する周方向応力で評価しておけばよいことがわかります。

要点BOX
- 耐圧強度の基礎は、A×p＝B×S
- 管の周方向応力は軸方向応力の2倍
- 周方向応力で管の耐圧強度が決まる

内圧による円筒の破裂の仕方

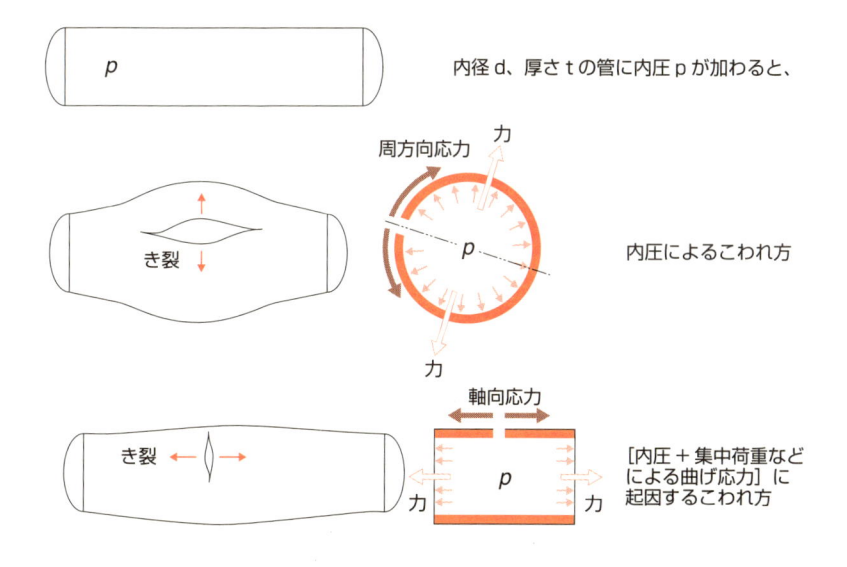

内径 d、厚さ t の管に内圧 p が加わると、

周方向応力

き裂

内圧によるこわれ方

軸方向応力

き裂

[内圧＋集中荷重などによる曲げ応力] に起因するこわれ方

なぜ周方向応力は軸方向応力の2倍になるのか

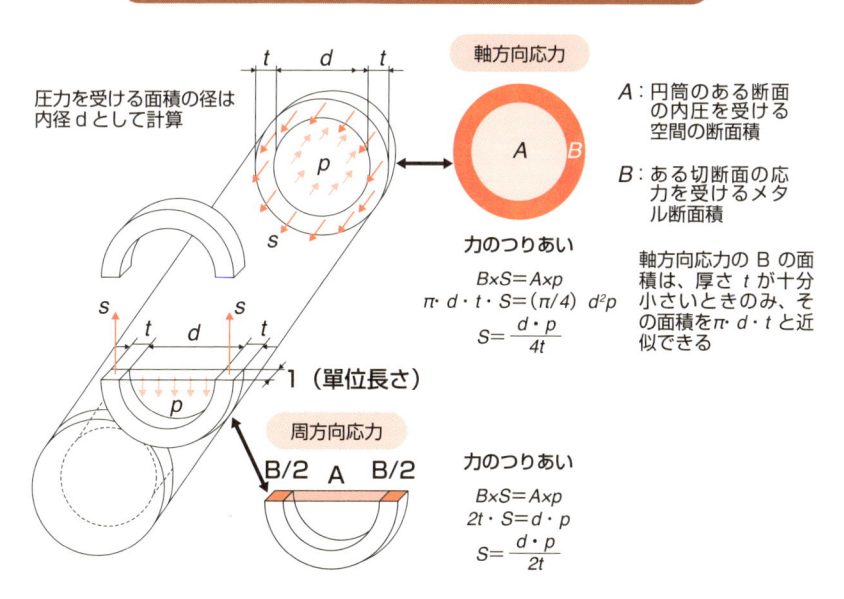

圧力を受ける面積の径は内径 d として計算

軸方向応力

A：円筒のある断面の内圧を受ける空間の断面積

B：ある切断面の応力を受けるメタル断面積

力のつりあい

$B \times S = A \times p$
$\pi \cdot d \cdot t \cdot S = (\pi / 4) \, d^2 p$
$S = \dfrac{d \cdot p}{4t}$

軸方向応力の B の面積は、厚さ t が十分小さいときのみ、その面積を $\pi \cdot d \cdot t$ と近似できる

1（単位長さ）

周方向応力

力のつりあい

$B \times S = A \times p$
$2t \cdot S = d \cdot p$
$S = \dfrac{d \cdot p}{2t}$

用語解説

応力；荷重を、荷重を受けている面積で割ったもの。単位面積当たりの荷重。

50 管の強度計算式

管の必要厚さの式と許容応力

49項下段の図で得た、内径を使った周方向応力の式（①式）は、管壁に生じる応力は壁の内側から外側まで均一であると仮定しています。しかし実際は、壁の内側の応力が高く外側へ向かって低くなります。

そのため壁内側の実際の応力は、内側から外側まで均一とした応力より高くなり、危険サイドとなります。

従って、①式を変形した、強度上必要な厚さの②式も危険サイドになります。

内径の代わりに、平均径を使った③式は実際の応力に近い状態での必要厚さの式となります。また、内径の代わりに外径を使った式は、安全サイドの式となり、簡易的な式として使われる場合があります。

国内外の配管・圧力容器の規格に採用されている代表的な必要厚さを求める式を④式に示しますが、平均直径の式にかなり近くなっています。なお、長手継手の効率は、板を巻いて造る管の管長手方向の溶接継手の効率（溶接のない管と同等の強度と見なせる場合の強度を1.0とする）で、1.0以下です。

強度計算式の中の許容応力 S は「ここまでは許す」という応力で、材料の「静的な強度」や高温における「クリープ強度」に安全係数をかけて決められます。

許容応力の決め方は、国内外の規格において、引張強さに対する安全係数に差異がありますが、最もオーソドックスな決め方を以下に示します。

各温度における左記値の最小値を許容応力とする。

① 常温における規定最小引張強さの1/4の値。
② 使用温度における規定最小引張強さの1/4の値。
③ 常温における規定最小降伏点の1/1.6の値。
④ 使用温度における降伏点の1/1.6の値。
⑤ 使用温度において1000時間に0.01%のクリープを生じる応力の平均値。
⑥ 使用温度において10万時間でクリープ破断を生ずる応力の最小値の0.8倍または平均値の0.6倍の値。

要点BOX
- 規格の計算式は規格により若干異なる
- 許容応力は常温、使用温度の降伏強さ、引張強さと使用温度のクリープ強度できまる

管の強度計算式

49項下段の図より　　$S = \dfrac{p \times d}{2t}$　………①

内径使用　　$\therefore t = \dfrac{p \times d}{2S}$　………②

平均径使用　　$t = \dfrac{p \times D_m}{2S} = \dfrac{p(D-t)}{2S}$

　　　　　　　$\therefore t = \dfrac{p \times D}{2S+p}$　………③

規格の式　　$t = \dfrac{p \times D}{2(SE+py)}$　………④

左の式は管壁に生じる応力を均一としているが、実際は壁の内側の応力が高く、外側が低いので、危険側となる。平均径 D_m の使用が現実に近い。

D_m の式を外径 D で書き直す。
S：許容応力
E：長手継手の効率
y：温度で決まる係数

許容応力Sの決め方

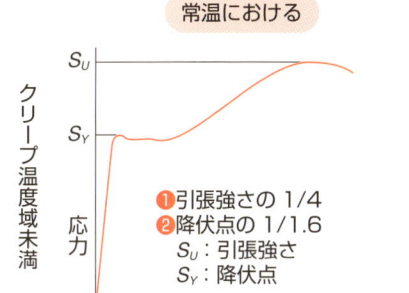

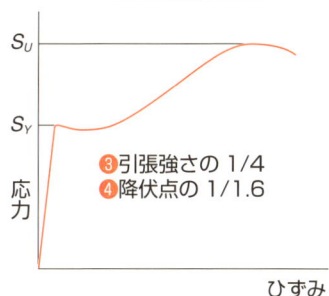

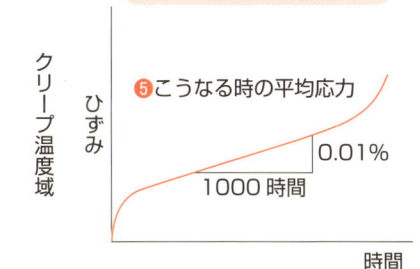

常温における（クリープ温度域未満）

❶ 引張強さの 1/4
❷ 降伏点の 1/1.6
S_U：引張強さ
S_Y：降伏点

（縦軸：応力、横軸：ひずみ）

使用温度における（クリープ温度域未満）

❸ 引張強さの 1/4
❹ 降伏点の 1/1.6

（縦軸：応力、横軸：ひずみ）

使用温度におけるクリープ（クリープ温度域）

❺ こうなる時の平均応力
0.01%
1000 時間

（縦軸：ひずみ、横軸：時間）

使用温度におけるクリープ

❻ こうなる時の最小応力の 0.8 倍または平均値の 0.6 倍
破断
10 万時間

（縦軸：ひずみ、横軸：時間）

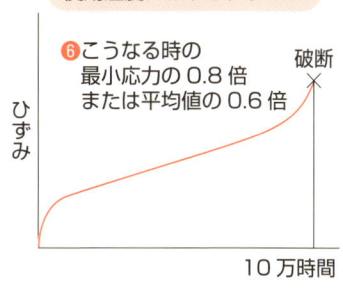

用語解説

クリープ強度：クリープ破壊とは、特に高温域において、物体に応力を作用し続けていると、時間とともに歪みが増大し、ついに破断に至る現象。クリープ強度は、クリープ破壊に対する強度

51 球形が内圧に強い理由

球の応力は円筒の半分

球は、上段の図に見るように、中心を通るどの断面をとっても、円筒の軸方向応力（49項参照）が生じる断面のみが存在し、周方向応力の断面は存在しません。

軸方向応力は、円筒の最大応力である周方向応力の半分なので、球の径と厚さが円筒の径、厚さと同じ場合、球はパイプのような円筒のほぼ2倍の耐圧力を持っています。

球および半球形の鏡板の強度計算式は、JIS B 8263-2003「圧力容器の構造―一般事項」において中段の図の式のようになっています。

50項の管、すなわち円筒の規格の式と比較した場合、式中の径が外径と内径の違いはありますが、球の必要厚さは円筒の必要厚さのほぼ半分で済むことがわかります。

球を、球と同じ内容積をもつ、底板、天井板が皿形鏡板の円筒と、表面積を比較してみます。たとえば、直径10メートルの球形タンクの容積に等しい円筒タンクの表面積（側板と天井・底板の合計）が最小になる円筒タンクの形状は直径が概算約8.8メートル、高さ約8.6メートルで、そのときの円筒タンクの表面積は球形タンクよりも約5％小さくなります。

しかし、円筒タンク側板の厚さは球と比較して1.8倍程度厚く（円筒の径が球より小さいので2倍を切る）、底板、天井板の皿形鏡板の厚さは、通常、側板の更に1.5倍程度必要になるので、同じ容積のタンクを比較した場合、円筒タンクの材料は重量比で球形タンクの少なくとも2倍程度になると考えられます。

球の成形は円筒より複雑になりますが、材料が少なくて済むので、下図に示すように、LPG（液化石油ガス）、LNG（液化天然ガス）、液化窒素などを入れる球形タンク、都市ガスのガスホルダー（12項参照）などに使われます。また、4基ないし5基の球形タンクを船体一杯に搭載したLNG船、そして容器の半球形鏡板などに広く使用されています。

要点BOX
- 球形の耐圧強度は円筒容器（管）の2倍
- 球形タンクは円筒タンクより材料を要しない
- 球形は大形容器であるタンクに広く使われる

球形タンクの内圧による応力は円筒容器の半分

圧力 p による力と応力 S による力のつりあいの式：

$$B \times S = A \times p$$

$$\pi \cdot d \cdot t \cdot S = \frac{\pi}{4} d^2 p$$

$$S = \frac{d \cdot p}{4t}$$

球は、同じ内圧に対し、必要肉厚を同じ口径の円筒容器のほぼ半分にできるので、球形タンクや球形鏡板として利用されている

球、半球形鏡板の必要厚さ計算式

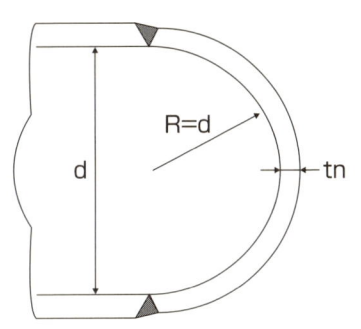

$$t = \frac{pd}{4S\eta - 0.4p}$$

共通の記号
p：設計圧力
d：内径
S：許容応力
η：溶接による継ぎ目があるときの継手効率

内圧による曲げモーメントなし

球形容器の応用例

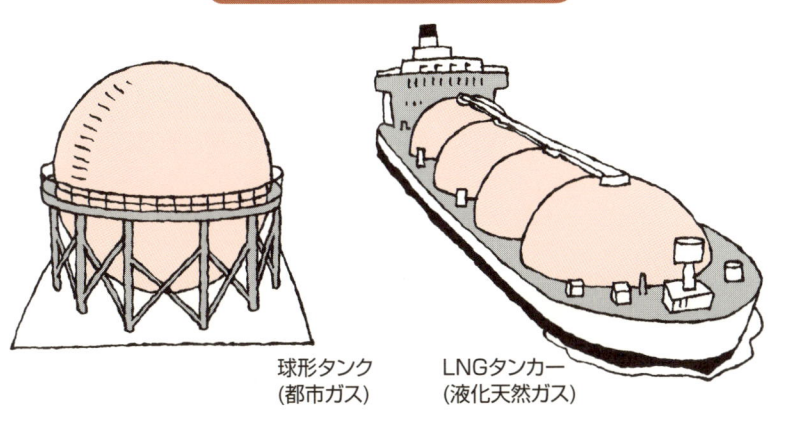

球形タンク
(都市ガス)

LNGタンカー
(液化天然ガス)

52 管に穴があると耐圧強度が下がる

補強板をつければ強度が上がる

配管の分岐・合流に使う管継手は24項に見るとおり、ティ、管台（後述）、ラテラルなどです。JISに規定されているティは管と同じスケジュール番号のものを使えば、強度計算は不要です（管の強度計算が必要）。管台やラテラルはJISに規定がないので、JIS B8201、JIS B8265などにより、強度計算が必要です。

「管台」は母管に穴を開け、管台（ノズル）を溶接してT字管を造りますが、母管に穴を開けると、穴のない管より許容圧力が下がります。穴の周りに補強板を設けない場合、穴のない管の許容圧力の約半分に減ります。その理由を説明します。

上図のように、穴のある平らな板の両端を引張ると、穴のない板より、引張り応力を受ける板の断面積が小さくなるので、応力が高くなり、かつ穴の周辺の応力が極端に高くなります。これは、穴の周辺で応力集中が起こるためです。

内圧のある管は両端を引張られた板と同様に引張り応力が発生し、管に穴があると、その穴周辺に高い応力が発生します（中図参照）。そこで穴の周囲の管の厚さを厚くして、穴の周りを補強する必要があります。補強が有効な範囲は穴のために応力が高くなる範囲です。この有効範囲内にある、穴の補強にまわせる面積が、母管穴部の強度に本来必要な面積より大きければ穴は補強され、応力集中は緩和されます。

穴部の強度に必要な厚さは母管の強度に必要な厚さと同じなので、母管の厚さの半分を穴の強度のために取り、残りの半分を母管の強度に供出します（下図参照）。したがって母管の強度は、穴のない場合の、すべての厚さを母管強度に使える場合の半分になります。穴の周辺に補強板を設ければ、許容圧力を高めることができます。

要点BOX
- 管に穴をあけ、管台を溶接すると分岐ができる
- 穴のある管の耐圧強度は穴のない管の約半分
- 穴の周囲に補強板を設ければ耐圧強度が上昇

穴のある分岐部

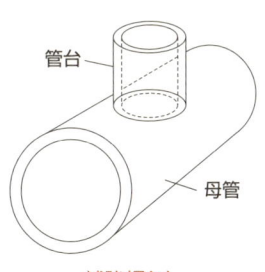

- 管台
- 母管
- 補強板なし

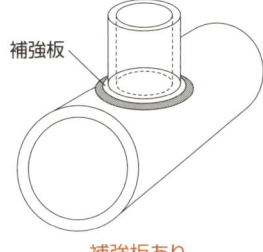

- 補強板
- 補強板あり

平板の穴付近に生じる応力集中

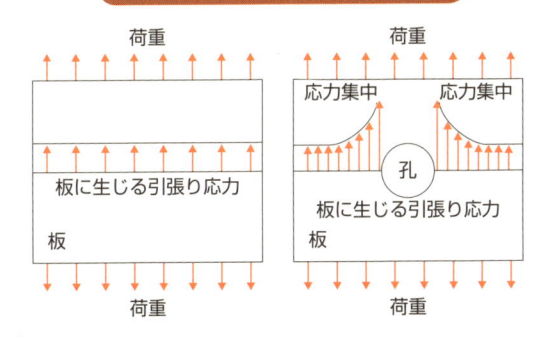

荷重 → 板に生じる引張り応力 / 板 ← 荷重

荷重 → 応力集中 / 孔 / 板に生じる引張り応力 / 板 ← 荷重

管の穴周辺の応力集中（上図との関連性）

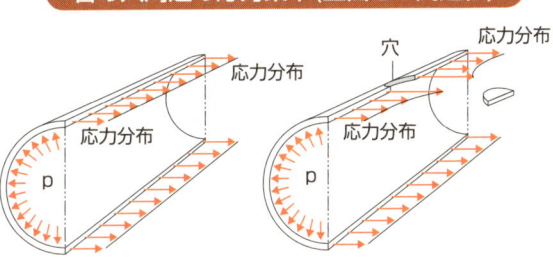

応力分布 / 応力分布 / p

穴 / 応力分布 / 応力分布 / p

穴のある管の耐圧強度は穴のない管の約半分

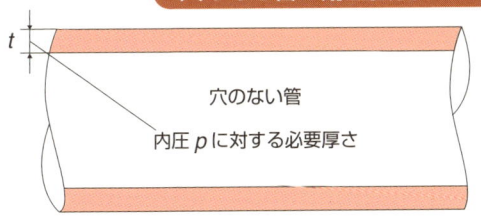

t

穴のない管
内圧 p に対する必要厚さ

穴のない管の耐圧強度を p とする

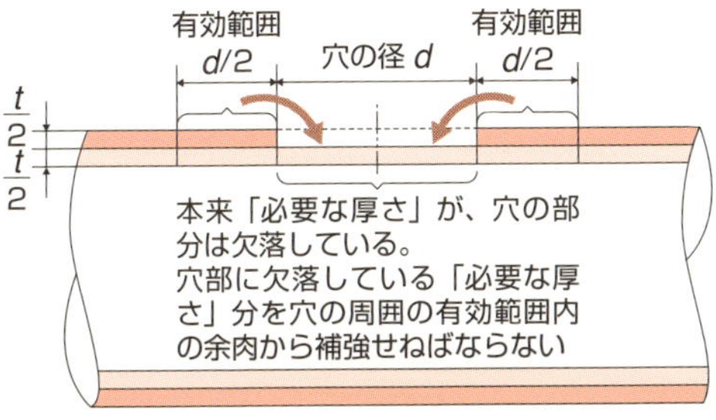

有効範囲 $d/2$ ／ 穴の径 d ／ 有効範囲 $d/2$

$\dfrac{t}{2}$ ／ $\dfrac{t}{2}$

本来「必要な厚さ」が、穴の部分は欠落している。
穴部に欠落している「必要な厚さ」分を穴の周囲の有効範囲内の余肉から補強せねばならない

穴があるときの管の必要厚さを $t/2$ 以上にすると余肉は $t/2$ 未満となり、穴の補強が不足する

↓

したがって、穴があるときの必要厚さを、$t/2$ 以上にすることはできない。すなわち $p/2$ 以上の耐圧にすることはできない

↓

穴に補強板をつければ、耐圧力を p にすることができる

用語解説

JIS B8201：陸用鋼製ボイラー構造
JIS B8265：圧力容器の構造――一般事項

● 第5章 配管を取り巻く技術

53 流体のエネルギーは保存される

ベルヌーイの法則

流体のエネルギーが保存される話の前に、物体の運動エネルギーと位置エネルギーの和である力学的エネルギーが保存される話から入ることにします。

物体のもつ力学的エネルギーの例として、重力を受けている物体（質量1とする）を手から放したときのエネルギー保存則を上図に示します。

落下速度のエネルギー（運動エネルギー）と基準線からの高さがもつエネルギー（位置エネルギー）の和は、空気抵抗がない真空中の落下の場合、「エネルギー保存則」により一定であらわされます。

この式からたとえば、高さがZ_1のときの落下速度を求めることができます。

次は「流体のエネルギー保存則」です。流体に粘性がなく非圧縮性の理想流体の場合、1つの流線上のどの点においても、位置エネルギー（基準線からの流体の位置する高さ）と速度エネルギー（流速のもつエネルギー、運動エネルギーに相当）、および圧力エネルギ

ーを加えた全エネルギーは保存される、あるいは一定となります。これが「ベルヌーイの定理（または法則）」です。流体が液体の場合、これらのエネルギーは通常、水柱の高さに換算して表し、「水頭（またはヘッド）」と呼びます。

位置水頭、圧力水頭、速度水頭は互いに互換性があり、その変換の関係式はベルヌーイの式で、右辺の3つの水頭の内、2つを0とすることにより、全水頭と他の1つの水頭の間の関係式を求めることができます（下図参照）。

実際の流体は粘性があるため、熱に変わるエネルギー損失があり、その損失は、位置と流速は勝手に変わることができないので圧力損失となります。これを「損失水頭」と呼びます。ベルヌーイの式は実際の流体では中段の図のように、位置、圧力、速度の水頭に、損失水頭を加えた全水頭が一定という式になります。

要点BOX
- ●流体エネルギーの保存則はベルヌーイの定理
- ●実際の流れは粘性によるエルギー損失が発生
- ●位置、圧力、速度、損失エネルギーの和が一定

物体のもつ力学的エネルギーの保存則

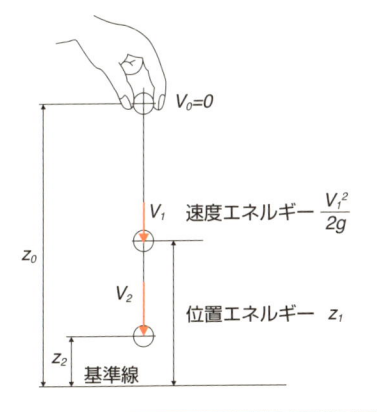

物体のもつ
[運動エネルギーと位置のエネルギーの和] は一定である。
すなわち、左図において、

$$z_0 = z_1 + \frac{V^2}{2g} = 一定$$

運動エネルギーの一部が空気抵抗により、熱に変わった場合、この式は成立しない）
（g は重力の加速度）

速度エネルギー $\frac{V_1^2}{2g}$

位置エネルギー z_1

基準線

流体のもつエネルギーの保存則

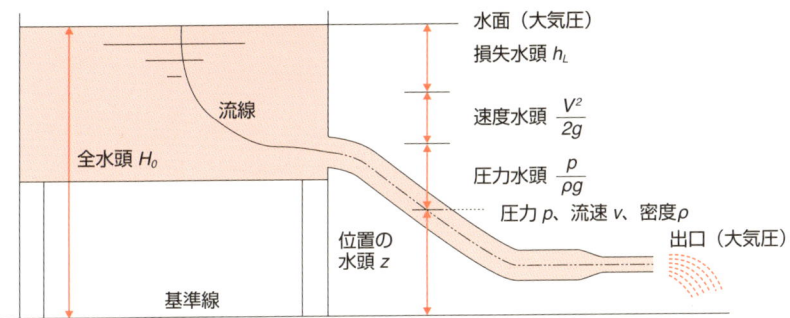

水面（大気圧）
損失水頭 h_L
速度水頭 $\frac{V^2}{2g}$
圧力水頭 $\frac{p}{\rho g}$
圧力 p、流速 v、密度 ρ
出口（大気圧）
全水頭 H_0
流線
位置の水頭 z
基準線
基準線のレベルは任意

理想流体の場合：ベルヌーイの定理
全水頭 ＝ 位置水頭＋圧力水頭＋速度水頭
$H_0 = z + p/(\rho \cdot g) + V^2/2g = 一定$

実際の流体の場合のエネルギー保存則
全水頭 ＝ 位置水頭＋圧力水頭＋速度水頭＋損失水頭
$H_0 = z + p/(\rho \cdot g) + V^2/2g + h_L = 一定$

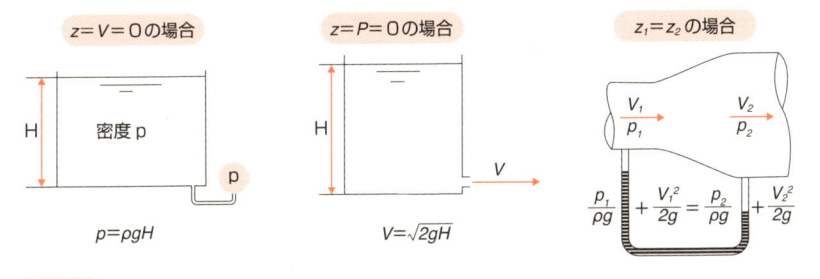

$z = V = 0$ の場合
密度 ρ
$p = \rho g H$

$z = P = 0$ の場合
$V = \sqrt{2gH}$

$z_1 = z_2$ の場合
$$\frac{p_1}{\rho g} + \frac{V_1^2}{2g} = \frac{p_2}{\rho g} + \frac{V_2^2}{2g}$$

用語解説

水頭：エネルギーの単位はJであるが直感的にイメージがわかないので、水柱高さに換算した水頭が使われる

54 水力勾配線とその応用

水力勾配線が流線の下へくれば負圧

水槽に接続した管路の途中に透明な細い液柱管（透明なチューブ）を立て、管路に水を流すと、液柱管に水面が現れます。管の流線（流体の粒子が流れに沿って描く曲線）から液柱管の水面までの高さhを圧力pに換算（$p=\rho g h$）したものは、流線上の静圧に等しくなります。また、基準線から水面までの高さは、「位置水頭z＋圧力水頭$p/\rho g$」に等しくなります。液柱管の水面を連ねた線を「水力勾配線」といい、管路が上り下りしても、位置水頭が変化した分を圧力水頭が補うので、水力勾配線は上下しません。

水力勾配線の上に、速度水頭を乗せた線を「エネルギー勾配線」といい、管路に沿ったエネルギーの変化を示しています。全水頭とエネルギー勾配線の差は、流線の起点、たとえば上流水槽の水面から、その液柱管位置までの損失水頭の累計を示します。

水力勾配線は、口径が拡がると流速が下がり、ベルヌーイの定理により圧力が上がるので、右上がりになることがあります。一方、熱となって失われたエネルギーは回復しないので、エネルギー勾配線は、常に下り勾配となります。

下図は上流側のレベルを少し上げた管路とその水力勾配線を描いています。上図よりも水力勾配線と流線のレベル差が接近し、管路の真ん中あたりで水力勾配線が流線より下がっています。ここでは静圧が大気圧以下、すなわち負圧になるので、液柱管はU字形にして底部のシール水により、負圧部分が大気と繋がらないようにする必要があります。

静圧が負圧になると、液中に溶けていた空気が泡となり、泡が集まって気層を作り、流れを阻害する可能性があります。さらに、静圧が流体の蒸発蒸気圧より下がると、液の蒸発が起こり、キャビテーションの発生の原因となります。それを防ぐには、設計流量時に、流線上のどこにおいても、水力勾配線が流線の上になるように配管ルートを設定せねばなりません。

要点BOX
- ●液柱管の水面を連ねたものが水力勾配線
- ●水力勾配線は位置水頭＋損失水頭
- ●水力勾配線が流線の下にある区域は負圧

水力勾配線

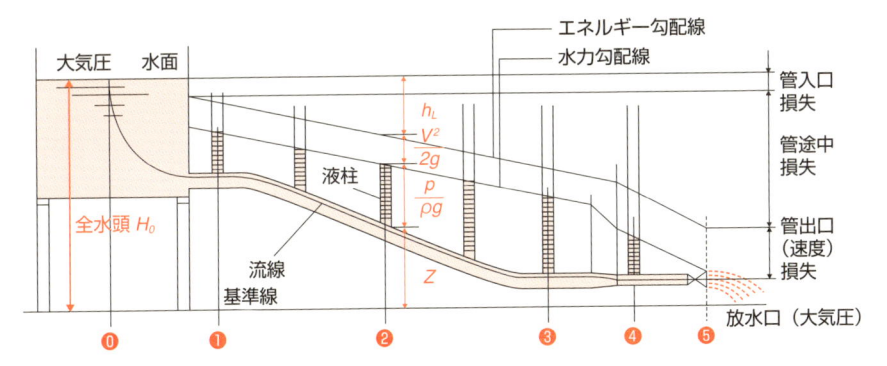

管路で生じる損失水頭としては、管入口、管出口(出口の速度水頭)、管途中(各種管継手、各種弁、オリフィス、ストレーナ、など)で生じる損失がある

水力勾配線の活用

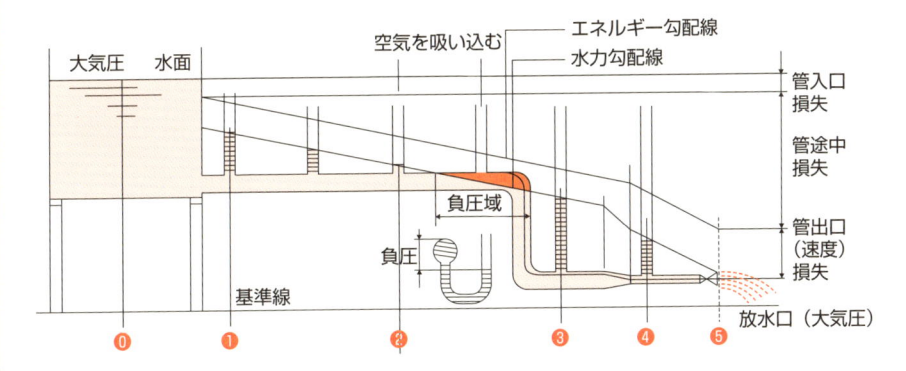

結果的に管路中に負圧域ができてしまったとき、水力勾配線を流線より上に上げる方法:
①管路のレベルを下げる
②弁を絞って、流量を下げ、弁上流の損失水頭を減少させて水力勾配線の勾配を緩やかにする
③上流の水槽の水位を上げて、水力勾配線を上方へ平行移動させる

用語解説

蒸気圧:飽和蒸気圧ともいう。液体と平衡状態にある蒸気の圧力。わかり易くいうと、ある温度の液体が沸騰する圧力。100℃の水の蒸気圧は1気圧

55 層流と乱流

層流は粘性の影響力が大きい

流れに層流と乱流の2つのタイプがあることを発見したのは、英国の物理学者オズボーン・レイノルズです。

層流は、整斉とした流れで、流体粒子の運動が管軸方向の速度成分のみの、乱れのない流れです。管断面の流速分布は、管壁のところで流速はゼロで、管壁から離れるに従い急激に流速が増え、全体的には放物線の形となります。

一方、乱流は、乱れた流れで、流体粒子が管軸方向の速度の他に、軸直角方向成分ももつ流れです。これは流体粒子が軸直角方向の速度成分をもつため流速分布は層流に較べ、フラットな感じになります。

層流となるか乱流となるかの境は図に示すように「レイノルズ数」で分けられます。レイノルズ数は、流体の粘性力の大きさ(分母)に対する流体の慣性力の大きさ(分子)を表しており、レイノルズ数が大きいことは、動きを抑える粘性力が弱く、動きを持続させる慣性力が強いので、活発な動きをし、乱れやすくなり、逆に、レイノルズ数が小さいと、すべて逆となり、乱れのない静かな層流となります。

密度を粘度で割った「動粘性係数」は、水の粒子を車にたとえれば、車の質量をブレーキ力で割ったようなもので、ブレーキの力(流体粘度)が同じでも、車の質量(流体密度)が小さい方がブレーキの利き(粘度の影響)が強いのと同じように、流体の粘度の、流体の動き難さに対する実効的効果を表す係数です。

レイノルズ数の式を見てわかることは、たとえば流速、口径が同じでも、動粘性係数が小さければ、流体粒子は動きやすいので乱流となり、動粘性係数が大きければ、動きにくいので層流となります。同じように、流速のみが異なる2つの管路があるとして、流速が速い場合は乱流、遅い場合は層流となることも、実感として理解できると思います。

要点BOX
- 流れには層流と乱流があり、レイノルズ数の小さい方が層流、大きい方が乱流
- レイノルズ数は粘性力に対する慣性力の比

層流と乱流の違い

項目	層流	乱流
流れ方（流線）	粘性に縛られた整斉とした流れ	粘性の影響の少ない乱れた流れ
流速分布		
レイノルズ数との関係	Re 数 ≤ 2300 2300 < Re 数 < 4000 では層流になったり乱流になったりする	Re 数 ≥ 4000
損失水頭との関係	主として粘性が損失水頭に影響する	主として、管表面粗さが損失水頭に影響する

流れの乱れやすさの指標Re数

$$Re = \frac{d \times V \times \rho}{\mu} = \frac{d \times V}{\nu}$$

d：管内径
V：平均流速
ρ：密度
μ：粘性係数
ν：動粘性係数 $=(\mu/\rho)$

Re 数（レイノルズ数）は流体の

$\dfrac{流体の慣性力}{流体の粘性力}$ を表している。

Re 数の大きい流体は慣性力が大きく、粘性力が小さいので、乱れやすく、Re 数の小さい流体は慣性力が小さく、粘性力が大きいので、整斉と流れる

56 損失水頭はなぜ生じるか

流体が流れる時、損失水頭が生じる要因は次のようなものです。

① 管内の流体を輪切りにした断面をアスパラガスのように、同心の幾層もの薄い円筒の層に分割します（図では便宜上厚く描いてある）。外側の第1層は流速ゼロの管の壁に接しています。

流体が水槽から管に流入する瞬間、管の入口では、管の断面にわたって同じ流速となります。しかし、流れが管路を進むにつれ、第1層は流速0の壁に接しているため、流体の粘性により壁との摩擦抵抗で、流速が遅くなっていきます。すると、第1層に接する第2層が第1層との粘性による摩擦抵抗で、流速の遅い第1層に引張られて流速が遅くなり、同じようなメカニズムで、流速の遅くなるのが第3層、第4層へと伝わっていきます（図では各層をブレーキをかけながら坂を下る車体にたとえている）。

管入口から或る距離、流れたところで、各層間の流速の遅くなる率は一定となり、図に示すような放物線状の流速分布に落ち着きます。各層の間には相対速度があり、相対速度を各層の厚さで割ったものを速度勾配、これに粘性係数を掛けたものが粘性せん断応力τとなります（上段の式）。このように各層は隣り合う外側の層からの抵抗を受けながら流れます。流体が粘性抵抗しながら流れるということは、仕事をしながら流れることで、エネルギーが熱に変わり、損失が生じていることです。これが「粘性による損失水頭」です。

② 管内径（分母）に対する管内壁の表面粗さ（分子）の相対粗さが大きいと、損失水頭が増えます。

③ 流体がエルボ、ティやバルブを通過する時、流れが曲げられ、弁箱や弁体の壁にぶつかり、流れがさらに乱れ渦を発生します。その時エネルギーが失われ、熱に変わり、これも損失水頭となります。

流れがあれば損失水頭を生じる

要点BOX
- 流れがおきると損失水頭が生じる
- 損失水頭は、層流の場合、粘性が影響、乱流の場合、粘性と相対粗さが影響

損失水頭の発生源

$\tau = \mu \dfrac{\Delta V}{\Delta y}$

Δy — V_3
Δy — V_2 — $\Delta V_3 = V_3 - V_2$
Δy — V_1 — $\Delta V_2 = V_2 - V_1$
Δy — $\Delta V_1 = V_1$
$V_0 = 0\,\text{m/s}$ 　管壁　　V

損失水頭発生の3つの要素

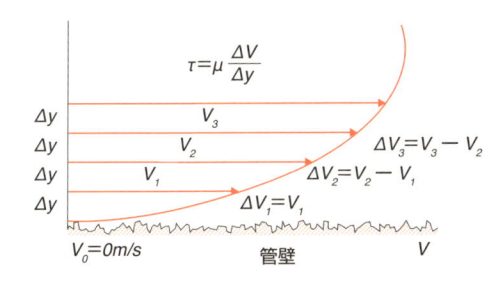

❶ **流体の粘性が摩擦抵抗として働く（特に層流の場合）**

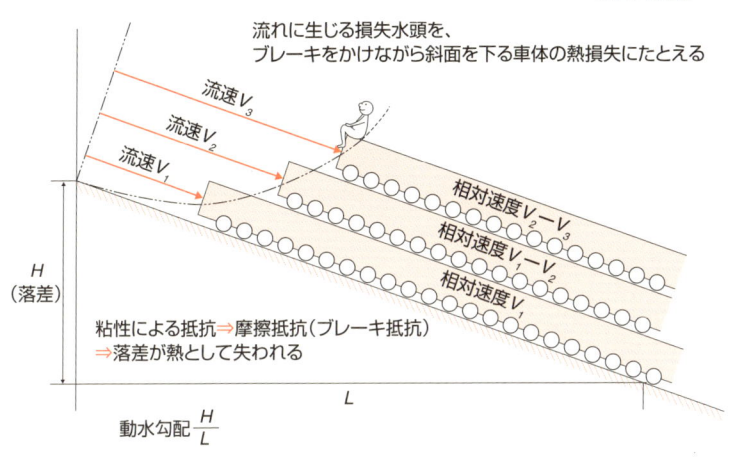

流れに生じる損失水頭を、ブレーキをかけながら斜面を下る車体の熱損失にたとえる

流速 V_3
流速 V_2
流速 V_1

相対速度 $V - V_3$
相対速度 $V - V_2$
相対速度 V_1

H（落差）

粘性による抵抗 ⇒ 摩擦抵抗（ブレーキ抵抗）
⇒ 落差が熱として失われる

L

動水勾配 $\dfrac{H}{L}$

❷ **管の内壁の表面粗さの大きさが損失水頭を増大させる（特に乱流の場合）**

❸ **流れの曲がりや渦が損失水頭を増大させる**

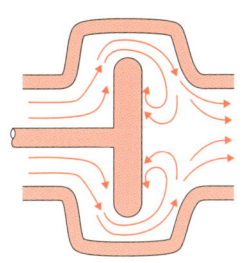

用語解説

せん断抵抗力：物体がずれるときに生じる抵抗力

57 管の損失水頭の計算式

損失水頭は流速の2乗に比例する

56項において、流体が流れると必ず損失水頭が生じることを説明しました。したがって、流体が流れるためには、その流れが損失水頭に見合うエネルギーを与えられている必要があります。

たとえば、上図のように、管路の起点が水槽で、重力流れで送水する場合、水槽水面と管路終点の間に、管路の損失水頭分のレベル差が必要となります。またポンプで送水する場合は、ポンプに要求される全揚程は実揚程に損失水頭を加えたものでなければなりません（損失水頭は管出口の速度水頭を含むこと）。

損失水頭の大きさは下図に示す「ダルシー・ワイスバッハの式」で計算されます。式は速度水頭の形をしており、それに管摩擦損失係数と（管長／管内径）を掛けたものです。したがって、損失水頭は管長に比例し、流速のほぼ2乗に比例します（管摩擦係数は流速で変わるので、正確に2乗ではありません）。

管摩擦係数はムーディ線図というチャートから、レイノルズ数（55項参照）と管内面の相対粗さ（新品の鋼管の内面粗さは0・05ミリメートル）を使って、読み取ることができ、粘性と管内面の相対粗さが大きくなると大きくなり、流速と内径が大きくなると小さくなる性質を持っています。

次に損失水頭の式を読み解いてみると、当然のことながら、損失水頭は管長に比例します。また、損失水頭は管内径に半比例します。これは次のように考えれば理解しやすくなります。管の損失水頭に最も影響があるのは、管壁に接する流体の抵抗力ですが、抵抗力は流速分布の速度勾配に比例します。59項下段の図に見るように、管壁付近の速度勾配は、同じ平均流速の場合、内径の小さい方が大きくなります。したがって、内径の小さい方が損失水頭が大きくなり

要点BOX
- 損失水頭はダルシーワイスバッハの式で計算
- 損失水頭はほぼ流速の2乗に比例
- 摩擦損失係数はムーディ線図より読み取る

送水に必要な水頭と損失水頭の関係

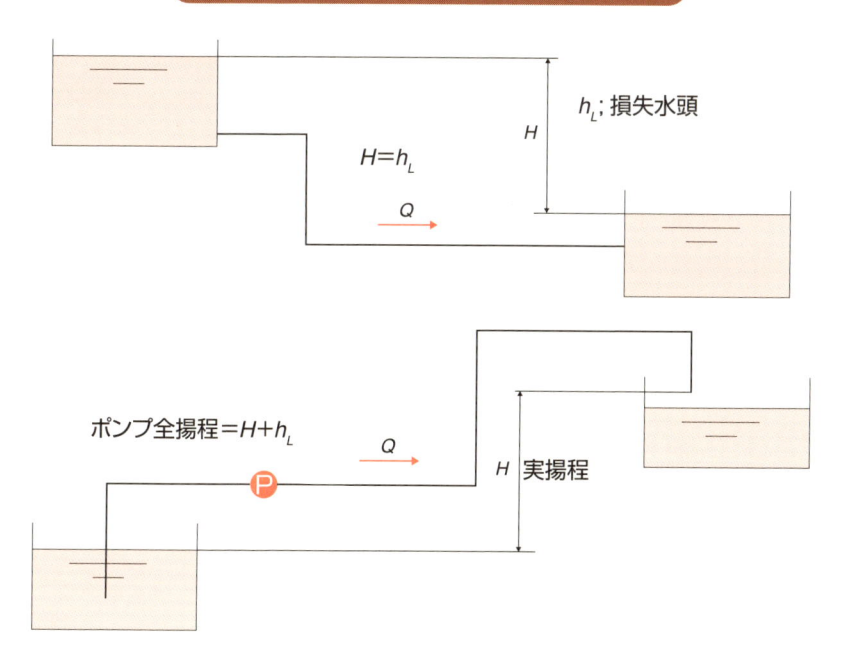

$H = h_L$

h_L；損失水頭

ポンプ全揚程＝$H + h_L$

H 実揚程

損失水頭の計算式

$$h_L = f \frac{L}{D} \frac{V^2}{2g}$$

h_L:直管長さ$L(m)$の損失水頭(m)
f:管摩擦損失係数　レイノルズ数と管内面の相対粗さにより変わる。相対粗さは（管内面の粗さ/管内径）
D:管内径(m)
L:管長さ(m)
V:流速(m/s)
g:重力の加速度(m/s^2)

用語解説

実揚程：汲み上げ高さ
全揚程：要求の汲み上げ高さに対し、ポンプに要求される能力(単位は[m])

58 管継手・弁の損失

曲りの数と角度が大きいほど損失が大きい

管継手や弁を流れる流体は、流路が曲がったり、縮小したり、拡大したりするので、流れが大きく乱れ、渦が発生します。直管では整斉と流れる層流であっても、管継手や弁ではこのような流れとなります。

このような流れでは損失水頭は流れの粘性力によるよりも、流れの乱れや渦ができることにより発生する熱で失われる方が支配的となります。したがって、流路に沿った形状の変化が大きい方が、流れの乱れや渦ができやすく、損失水頭が大きくなります。

管継手などの損失水頭を評価する方法は、57項のダルシー・ワイスバッハの式において、「管長さ」の代りに管継手や弁の損失が、直管の何メートル分に相当するかという「相当直管長さ」を使うことにより計算できます。通常、「相当直管長さ」はその管継手または弁に接続する管の内径の何倍に当たるかで表示します。

たとえば、ロングエルボは内径の14倍、ショートエルボは20倍といった具合です。玉形弁になると300倍を越します。当然、相当直管長さが長い方の損失水頭が大きくなります。

したがって、砂漠やツンドラ地帯を走るパイプライン（19項参照）では、管継手や弁があまり使われていないので、直管の損失水頭が支配的になりますが、プラント配管（17、18項）は、いくつかの室を通り抜け、多くの配管や機器の間をすり抜けていくので、管継手が多数使われ、各種の弁も多く設置されているので、直管より管継手、弁の損失の方が支配的になる場合が多くなります。

図に見るように一般に、曲り角度の大きい方、曲り数の多い方、また曲げ半径の小さい方が、乱れが大きく、渦ができやすいので、損失水頭が大きくなります。また、レジューサのような拡大・縮小流れでは、拡大流れの方が縮小流れの場合より、渦ができやすく、損失水頭が大きくなります。

要点BOX
- 曲りの数が多いほど、曲り角度が大きいほど、曲げ半径が小さいほど、損失水頭は大きい
- 縮小流れより拡大流れの方が損失水頭が大

どちらが損失水頭が大きい？

損失水頭が小	損失水頭が大	解説
ロングエルボ	ショートエルボ	エルボの曲げ半径の小さい方がより強い2次流れにより、激しい渦ができるので、損失が大きい
ラテラル	Tピース	ラテラルの方が流れがスムースに母管に流入し、渦の激しさが小さい
仕切弁、ボール弁	アングル弁、玉形弁	仕切弁、ボール弁は流れが直進するのに対し、アングル弁は流れがL字状に曲り、玉形弁はS字状に2回曲がるので、流れが大きく乱れ、損失が非常に大きくなる
縮小レジューサ	拡大レジューサ	縮小レジューサは拡大レジューサと逆で、下流の静圧が下がり、流れやすくなるので、圧力損失は小さい

拡大レジューサは下流で流速が下がるので、静圧が上流側より高くなり、壁付近で逆流を起こし、損失が大きくなる |

59 配管口径の決め方（サイジング）

配管口径を決めることを「サイジング」といいます。サイジングはそのメーカーの実績に基づく標準的な流速があればその流速で、なければ文献などの標準的流速を参考に、仮の口径を決めます。なお、標準流速の「流速」は管断面における平均流速のことです。

本来、標準流速は腐食の観点から水質などにより変わりますが、大まかにいえば、水の流速は0.5から5m/s程度、ポンプの吸込管は、キャビテーション防止の観点（60項参照）から吸込管の圧力損失を小さくするため、流速を遅くします。蒸気の流速は10m/sから100m/s程度でしょう。空気の流速は5から15m/s程度。管内流速の1例として文献に出ているものを上図に示します。

一般に標準流速は、同じサービス、同じ流体の配管でも口径が小さくなるにつれ漸減していきます。これは管の口径が小さくなるにつれ漸減していきます。これは管の口径が小さくなるにつれて生じる抵抗力、すなわち流体の粘性による粘性力に大きく依存し、同じ流速の場合、太い配管より細い配管の方が粘性力が大きく、損失水頭が大きくなるためです（下図参照、また57項参照）。

また、小径管の方が剛性が小さく、太い管より振動しやすいので、流速を遅くしてやることも、経験上から反映されていると思われます。

口径を小さくすれば建設コストは下りますが、流速が上り、ポンプ動力費が増加し、振動、エロージョン、流れ加速腐食（FAC）、内面被覆材の剥離、などの可能性が高まるので両者の兼合いが必要です。

大口径、厚肉、高級材質のような高価格の管は口径が少しでも小さくできないか、詳細に検討します。

実績の流速または標準流速で仮に決めた口径は、配管ルートが決まり、直管長さ、管継手と弁の種類、数量がおおよそわかった時点で損失水頭を計算し、与えられた差圧、ポンプの揚程、落差で、必要流量が流せるかチェックし、必要あればサイズを変更します。

細い管の標準流速は太い管より遅い

要点BOX
- 実績のある流速から口径を決める
- 公表されている標準流速を参考とする
- 損失水頭を計算し、許容値内にあるか確認

管内流速の例

備考：本表は管内流速のおおよその目安を示すものである。

	名称	流速 m/s
蒸気	飽和蒸気	25～35
	高圧蒸気	40～60
	低圧蒸気	60～80
	負圧蒸気(真空)	100～200
給水	渦巻きポンプの吸込み管	2～2.5
	低圧渦巻きポンプの吐出管	2.5～3
	高圧渦巻きポンプの吐出管	3～3.5
	給水	2.5～5
空気	低圧空気	12～15
	高圧空気	20～25

火力発電用プラントの一般的に採用されている管内流速　　（「配管便覧」1971年刊　589頁より抜粋）

小径管の方が標準流速が遅くなる理由

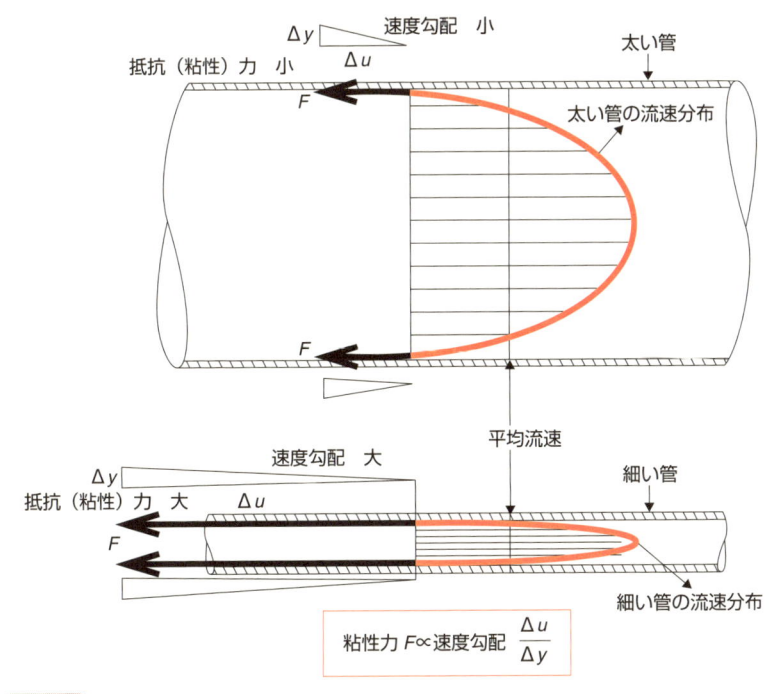

速度勾配　小
抵抗（粘性）力　小
Δy
Δu
F
太い管
太い管の流速分布

平均流速

速度勾配　大
抵抗（粘性）力　大
Δy
Δu
F
細い管
細い管の流速分布

粘性力 $F \propto$ 速度勾配 $\dfrac{\Delta u}{\Delta y}$

用語解説

FAC：Flow Accelerated Corrosion の略

60 損失水頭とポンプキャビテーション

ポンプ吸込み管の流速は遅めに

ポンプの吸込管は、ポンプのキャビテーションと大いに関係があります。ポンプキャビテーションが起きるメカニズムと弊害は次のとおりです。

上図に見るように、ポンプの吸込座から流入した流体はポンプケーシングを通過し、羽根の入口部まで、損失水頭により静圧が減り続けます。静圧が流体温度の飽和蒸気圧を下回ると、液体が気体に変化し、気泡を発生します。流体が羽根を通過する間に羽根車によりエネルギーを与えられ、流速と静圧が増加し、増加した静圧により気泡が潰れます。潰れるとき衝撃波を発し、振動や騒音を出すだけでなく周辺のメタルを侵食します。これを「キャビテーション」といい、ポンプの運転において避けなければなりません。

したがって、ポンプ入口の静水頭はポンプ内で下がる圧力に飽和蒸気圧を加えた値以上でなければなりません。この値から飽和蒸気圧を引いた正味の水頭を「必要NPSH」といいます。これはポンプ固有の値なので、ポンプメーカーから与えられます。

一方、有効NPSHは下図の要領で、①の算式を使って計算されます。

キャビテーションを起こさないためには、有効NPSHは必要NPSHにある程度の余裕を加えたものより大きいことが必要です。有効NPSHは配管設計者の守備範囲で、配管設計者はキャビテーションを起こさせないようにしなければなりません。

下図で、ポンプが吸込側水槽の水面より上にある場合（図の左側）と下にある場合（図の右側）の有効NPSHの大きさを比較しています。

ポンプが水槽水面より上の場合、ポンプ入口の水頭は水槽圧力より H_s を差し引いて小さくなるのに対し、ポンプが水槽圧力より下の場合、ポンプ入口水頭が水槽水面より下の場合、ポンプ入口水頭は水槽圧力より H_s を加えて逆に大きくなるので、有効NPSHの観点から断然有利となります。

> **要点BOX**
> ●静圧が流体温度の飽和蒸気圧以下になると蒸発
> ●有効NPSHが必要NPSHより大きいこと
> ●ポンプが水槽より低いほど有効NPSHは大

ポンプ吸込管とポンプのキャビテーション

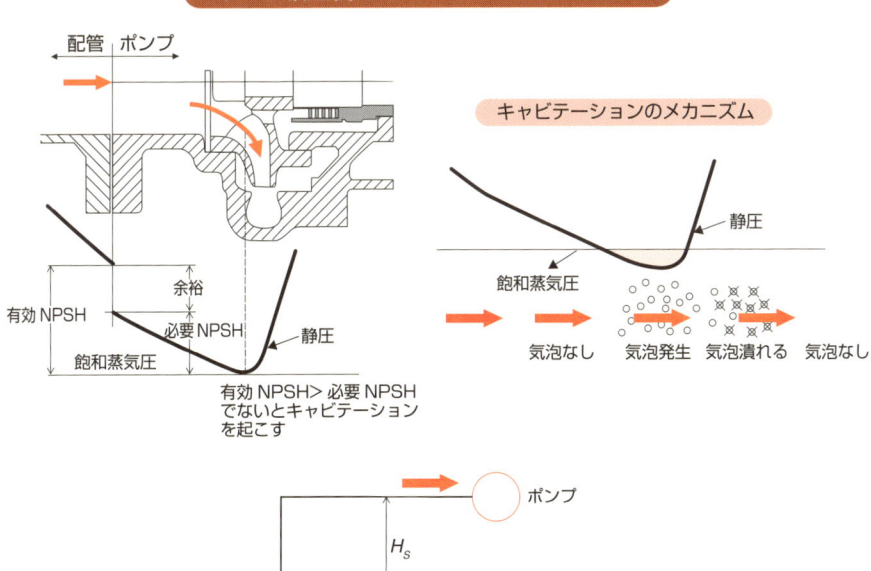

キャビテーションのメカニズム

気泡なし → 気泡発生 → 気泡潰れる → 気泡なし

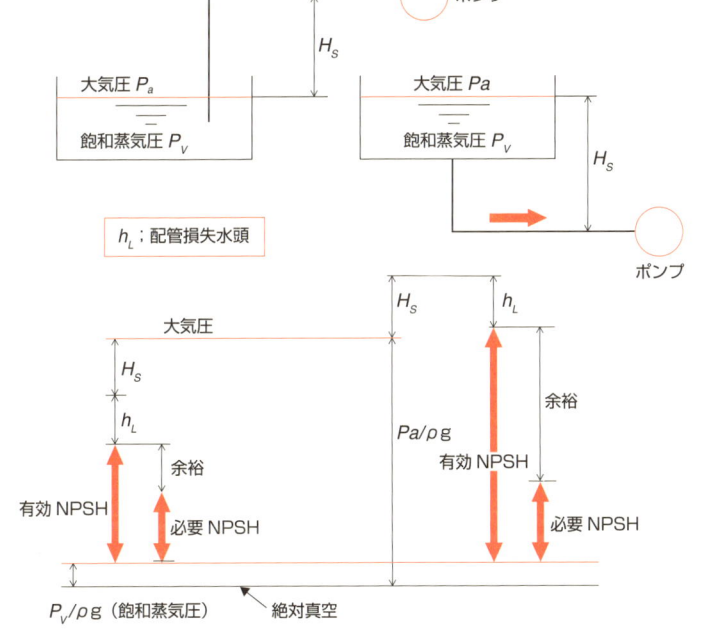

有効NPSH > 必要NPSH でないとキャビテーションを起こす

h_L；配管損失水頭

有効NPSH＝吸込槽圧力 $P_a/\rho g$ ＋ H_s（：水槽水面EL－ポンプ基準EL）－配管損失水頭 h_L －飽和蒸気圧 $P_v/\rho g$　P_a, P_v は絶対圧力、EL はエレベーション。　…①

用語解説

NPSH：Net Positive Suction Head の略で「正味吸込水頭」という意味

61 配管を横から見る

横から見ないとわからないことがある

配管図は可能な限り、平面図に配管ルートの情報を盛込み、立面図（側面図）は、部分的に準備するのが一般的です。

しかし、配管ルートのアップ＆ダウンが配管の機能を制する場合も多々あり、そのような場合は横から見た立面図が主役となります。ここに示すのは、アップ＆ダウンが配管の死命を制するような例です。

① 重力流れ：落差を利用して、流体を移送する際に使われます。流体が流れるには損失水頭に等しい落差（または差圧）が必要です。ドレンポケットやエアポケットがあってもかまいませんが、配管ルートは上流水槽の水面より下でなければなりません。

② ノー・ベーパー・ポケット：流体が液体で、配管途中に気相があると配管の機能が阻害される場合に採用されます。たとえば、ポンプ吸込管にエアポケットがあると、運転中に空気がたまり、流路が狭まり、圧力損失が増えたり、空気がポンプに吸込まれ、揚程が上がらなくなる恐れがあります。

③ フリードレン：配管途中にドレンのたまる所がない配管。勾配のないところがあってもよいが、下がる一方の配管であること。安全弁の放出管はドレンだまりがあると、吹いた時スチームハンマを起こすので、ドレンがたまらない配管とします。

④ 勾配配管：管を満水しないで流れる場合に多く使われます。たとえば、液体が気相を巻き込んで流下する配管です。下流タンクに入った気相は、同じ管を通って上の装置へ抜けます。途中に水で閉塞されるところができると、下流タンクの気体が抜けず、息をするような流れとなります。どこをとっても勾配がついている必要があります。

⑤ ノー・リキッド・ポケット：流体が気体の場合に使われます。配管途中にドレンポケットがあり、ドレンがたまると、ポケットのレベル差以上の差圧がないと、流体はそこを越えて流れることができません。

要点BOX
- 流れるかどうか、配管のエレベーションを追う
- 配管に、上流より高い所、エアポケット、ドレンポケット、勾配不足・逆勾配がないか

配管をエレベーションで見る

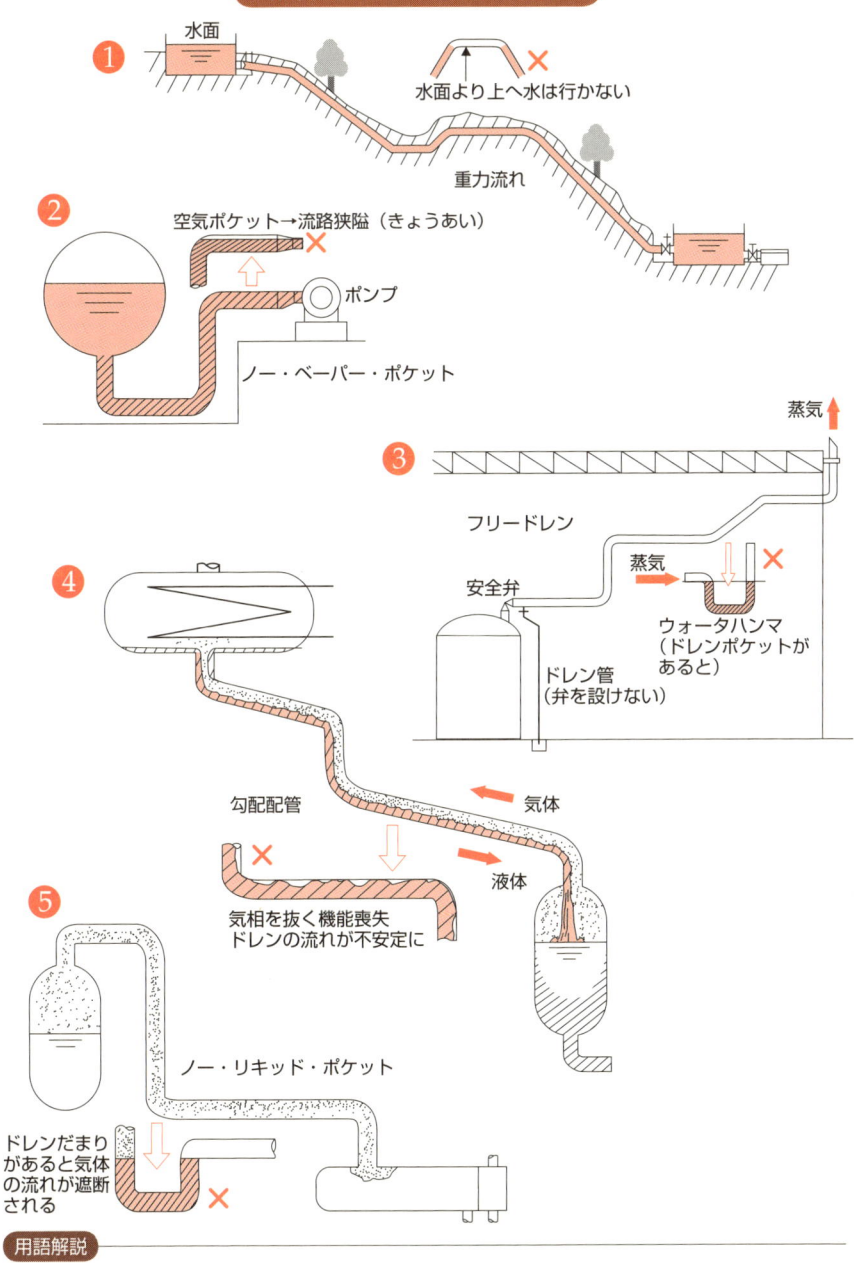

❶ 水面 水面より上へ水は行かない ✕
重力流れ

❷ 空気ポケット→流路狭隘（きょうあい）✕
ポンプ
ノー・ベーパー・ポケット

❸ 蒸気↑
フリードレン
安全弁 蒸気→ ✕
ウォータハンマ（ドレンポケットがあると）
ドレン管（弁を設けない）

❹ 勾配配管 ←気体
✕ ↓ →液体
気相を抜く機能喪失
ドレンの流れが不安定に

❺ ノー・リキッド・ポケット
ドレンだまりがあると気体の流れが遮断される ✕

用語解説

エアポケット：流体が液体の配管で、横から見て凸状の所で気体が滞留して抜けない箇所
ドレンポケット：配管の凹状の所でドレンが滞留して抜けない箇所

● 第5章 配管を取り巻く技術

62 配管熱膨張をいかに逃がすか

配管は通常その端部が機器のノズルに接続されていて、配管が運転に入り、温度が上がると、配管は熱膨張で伸びるので、配管のフレキシビリティ（後述）で伸びを逃がすか、伸縮管継手（31項参照）で伸びを吸収する必要があります。

伸びを逃がすための配管のたわみやすさを「フレキシビリティ」といいます。上図のように、両端固定の真直ぐな配管が熱膨張すると、配管にたわむところがないため、管の弾性的な圧縮のみで、伸びを吸収せねばならず、非常に大きな圧縮応力が管に生じます。たとえば温度が常温から100℃上がると、230MPa程度の非常に高い応力が発生します。この圧縮応力の大きさは、管の一端を自由膨張させた後、伸びを圧縮して元の位置に戻した時、発生する圧縮応力と同じになります。したがって熱膨張応力は変位により生じる応力ということができます。また地震や地盤沈下、あるいは配管が接続する機器の移動など

により、配管固定端の一端が移動する（相対変位という）ときも、変位による応力が発生します。

これら変位による応力には次のような特徴があります。この応力は二次応力とも呼ばれ、通常は材料の降伏応力を越えない性質があり、変位の繰り返しによって壊れます。配管は起動、停止の繰り返しにより、熱膨張応力の大きさも周期的に変化します。針金を何回も折り曲げると折損するように、配管の運転サイクルによる熱膨張応力の振幅が大きく、繰り返し数が多いと配管は疲労破壊します。

配管自体による配管の伸びの吸収の仕方は中段の図に見るように、伸び方向に垂直の成分の配管がたわむことで伸びを吸収します。下図のように、伸び方向と垂直成分の配管長さが長いほどフレキシビリティがあり、熱膨張応力は小さくなります。しかし、過度なフレキシビリティは配管が振動しやくなるので、避けなければなりません。

要点BOX
- 配管熱膨張を逃がす配管フレキシビリティ
- 伸び方向に対し直角に走る配管成分が必要
- フレキシビリティがありすぎても有害

フレキシビリティがあり過ぎてもよくない

両端固定の直管に生じる熱応力はきわめて大きい

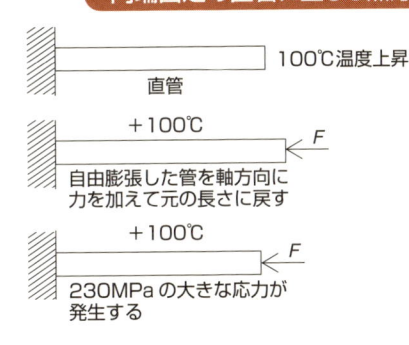

直管　100℃温度上昇

自由膨張した管を軸方向に力を加えて元の長さに戻す　+100℃　F

230MPa の大きな応力が発生する　+100℃　F

両端固定の管が 100℃ 温度上昇した場合に発生する応力は左の図の応力と同じになる

熱膨張に対し、配管はフレキシビリティが必要

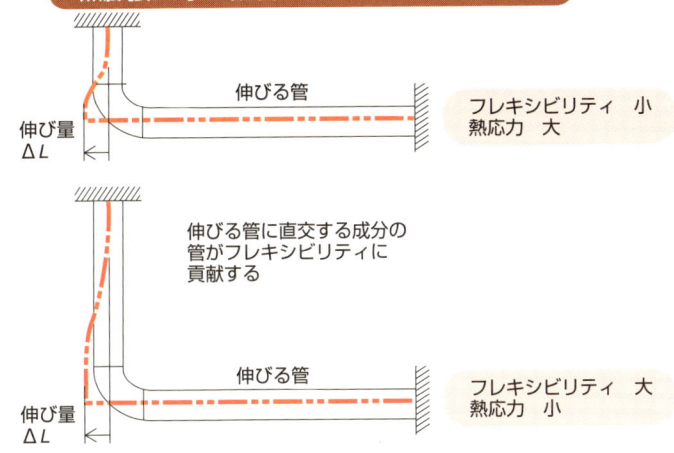

伸び量 ΔL　伸びる管
フレキシビリティ　小
熱応力　大

伸びる管に直交する成分の管がフレキシビリティに貢献する

伸び量 ΔL　伸びる管
フレキシビリティ　大
熱応力　小

フレキシビリティとは配管のたわみやすさ。x 方向の管の伸びは、それに直交する y 方向の管が、また、y 方向の管の伸びは、それに直交する x 方向の管が、それぞれ吸収する

配管には適度なフレキシビリティが必要

熱膨張応力の大きなところにはUベンド
応力

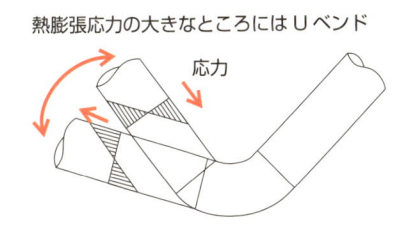

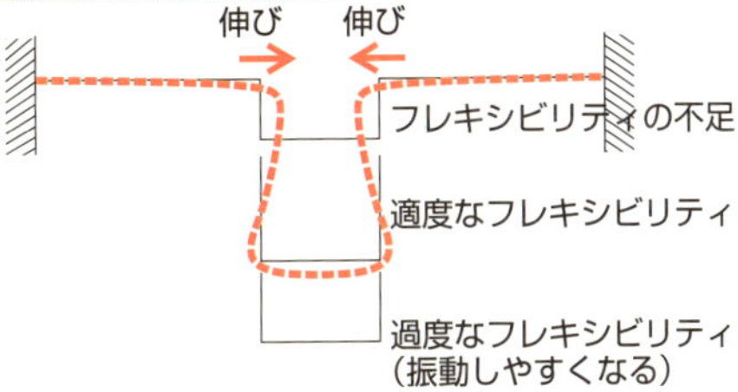

変位による繰返し応力は疲労を起こす

伸び　伸び
フレキシビリティの不足
適度なフレキシビリティ
過度なフレキシビリティ（振動しやすくなる）

一般に、拘束される伸び方向に直交する成分が長い配管のほうがフレキシビリティがある。上のような配管形状をUベンドという

● 第5章　配管を取り巻く技術

63 配管振動の原因

振動には必ず振動源がある

配管は流体が流れることにより、時に振動を起こします。運転を続けられないほど激しい振動や、長期の運転で蓄積された疲労により破壊を引き起こす振動、そこまで行かなくても騒音や揺れで不快感を感じる振動もあります。振動は配管につきものであると考えてよいでしょう。配管の振動原因として、次のようなものが考えられます。これら原因により引き起こされる振動を「強制振動」といいます。

① 管外部にある振動源から伝わる配管振動：外部振動源としては、ポンプやコンプレッサの機械的振動（原因は回転部分の重心のわずかな偏心など）が接続する配管に伝わったり、共通架台（あるいはラック）上の振動する配管から架台を通じて別の配管に伝わって振動する場合などがあります。

② 不均一な内部流体による振動：流体には相、すなわち密度の異なる流体が混ざって流れる2相流という形態があります。2相流のうち、密度の異なる流体が均一に混じらず、個別の塊状になって流れるプラグ流、スラグ流、フロス流などの流れのパターンの場合、流体がエルボやティを過過するとき、流れ方向の変化に伴う運動量の変化により力を生じます。流れの曲りのあるところで、起きるこれらの力により、振動が発生することがあります。

③ 減圧弁、調整弁やオリフィス付近では、減圧の際に弁等の下流で激しい乱れと渦がおこり、配管の振動を引き起こすことがあります。また、蒸気管や水管の流速を標準的な流速より速くすると、流れの乱れが大きくなり、振動しやすくなります。

④ 流体の圧力脈動により起きる振動：ポンプやコンプレッサに接続する配管の流体中を流体機械に起因する一定周期の圧力脈動が伝わります。圧力脈動が大きいと配管がその振動数で振動を起こします。圧力脈動で配管が振動する理由は、エルボやティ部で生じる、圧力脈動による推力の変化によります。

要点BOX
●振動源としては、回転機械の振動、2相流、ポンプ・圧縮機の圧力脈動、減圧弁・調節弁・オリフィスの減圧、高流速流体など

外部の振動の伝達

	原因	例
①	外部の振動の伝達	ポンプや圧縮機の振動、他の配管が架構を介して
②	内部流体の不均一	プラグ流、スラグ流、フロス流などの二相流
③	流体の激しい乱れ	高差圧の減圧弁、調節弁、オリフィスなどの下流
④	流体を伝わる脈動	ポンプ、圧縮機より出る脈動

①ポンプの振動が配管に伝わり振動

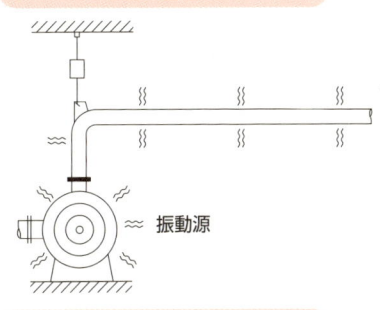

振動源

①他の配管の振動が架台を介し伝達

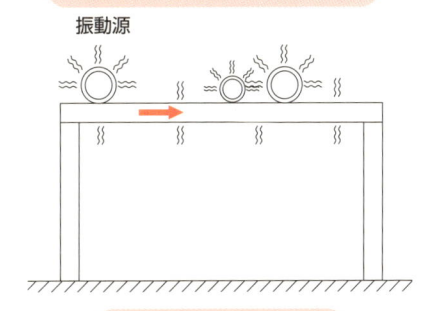

振動源

②二相流の密度の異なる流塊の流れ

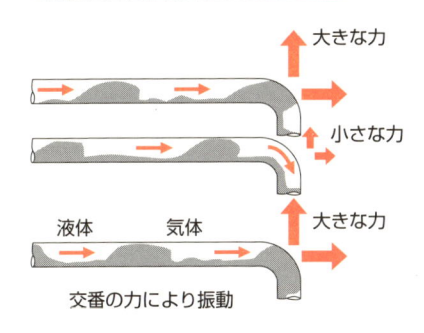

大きな力
小さな力
液体　気体　大きな力
交番の力により振動

③高差圧の流れによる振動

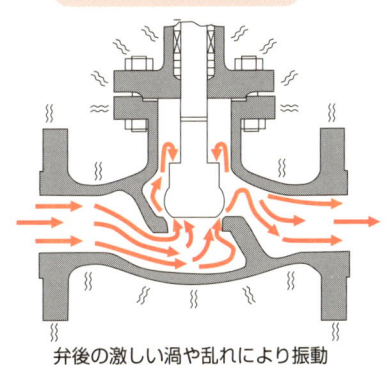

弁後の激しい渦や乱れにより振動

④圧力脈動による振動

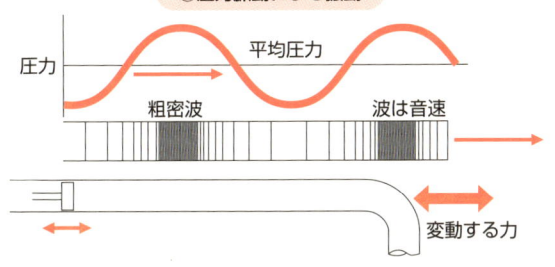

圧力　平均圧力
粗密波　波は音速
変動する力

● 第5章 配管を取り巻く技術

64 配管の共振

避けねばならぬ共振

物体には、物体が固定されている条件も含めた上で、振動しやすい振動数というのがあります。電車のつり革が電車の揺れにより、ときどき連続して大きく揺れることがありますが、その揺れの周波数（振動数）はつり革を横に引張って放したときの振動（自由振動という）の振動数と同じで、この振動数を「固有振動数」といいます。配管にも固有振動数があります。

配管が63項の振動原因で振動した場合、その振動数がたまたま配管の固有振動数と一致していると、強制振動に比べ、非常に大きな振幅で振れ、危険を感じるほどの状態になることも珍しくありません。固有振動数で振れる振動を「共振」といい、避けなければならない振動です。

通常、固有振動数は複数存在し、最も低い固有振動数から、1次、2次のように呼びます。最も共振を起こしやすいのは1次の固有振動数ですが、2次、3次の固有振動数と共振することもあります。

上図右に見るように、架台を伝わってきた他の配管の振動と同じ固有振動の配管が架台上にあると、その配管は、振動を拾って共振を起こすことがあります。

万が一、共振を起こしたとき、起振源の振動数と固有振動数を離せば共振を避けることができます。配管の固有振動数を変えるには、一般には配管の両者の振動数を離すことを「離調」といいます。配管の固有振動数を変えるには、一般には配管の拘束（レストレイント、アンカ）の追加、削除、位置変更などが考えられます。

共振には上記の機械的振動の共振のほかに、音響による共振があります。これは管中を伝わる圧力波が管の音響固有振動数と一致する時、圧力波の振幅が非常に大きくなり、それが配管振動の振動源となって機械的な振動を起こします。詳しくは、『絵とき「配管技術」基礎のきそ』（日刊工業新聞社発行）の5-5節を参照してください。

要点BOX
●振動源の振動数が配管固有振動数と一致すると共振
●対策は固有振動数を変える

機械共振

つり皮の共振

起振源の配管　強制振動　共振
架台
→ 振動の伝達 →
起振源の振動数と異なる固有振動数の配管・架台
起振源の振動数と一致する固有振動数の配管

架台による振動の伝達 ⇒ 共振

配管の固有振動数
伝達
ポンプの振動（起振源）

ポンプ

配管の振動
ポンプの振動が配管に伝わる。配管の振動数はポンプの振動数と同じになる

強制振動（63項の①）

配管の固有振動数
伝達・共振
ポンプの振動（起振源）

ポンプ

配管の振動
ポンプの振動が配管に伝わり、その振動数が配管の固有振動数と一致すると、配管は共振を起こし、非常に大きな振動となる

機械的共振の例

用語解説

音響固有振動数：管長、管両端の条件（開か閉か）と音速で決まる

65 ウォータハンマ

大きな破壊力

管内の流水が弁の急閉により急停止したり、あるいは管内の流水が一瞬で消滅し、空間両側の水同士が衝突した時などに圧力波による大きな衝撃力を発生する。これを「ウォータハンマ」といいます（水撃）ともいいます。水を高速で動かすものが蒸気である場合は「スチームハンマ」と呼ばれることもあります。

ウォータハンマは、次のような場合に起こります。

① 長い管の流体が弁急閉などにより、急停止したとき（上・中図）：弁が急閉されると、流速が0となり、せき止められるので、弁直前の圧力が上がり、圧力上昇は流体の音速で上流に伝播する。その伝播した部分の音速での伝播した部分が伝播した時間内に0になる加速度を掛けた力が、弁体にかかる。流速0になる部分が、音速で伝わる距離だけあるので、ウォータハンマによる力は非常に大きくなる。

② ポンプ出口が満水でない状態で、ポンプを起動したとき、ポンプを出た水が空間を突進して、水や弁に激突する。

③ 運転中ポンプの急停止により、ポンプ近くの流速が低下する一方、管の先の方では前進する慣性力により流速を維持するため、管の途中に負圧の部分が生じ液体が蒸発、空間ができ、その後、負圧が緩和されたとき、蒸気が液化して、空間が瞬時に消滅したときに、衝撃的な圧力と力を発生させる。

④ 管内に蒸気が冷えてできたドレンと蒸気が存在するとき（下図）、放熱により蒸気が凝縮されると、それにつれて空間が減るので、それを埋めるため蒸気の移動が起こり、水面が波立ち、波で遮断された密閉空間ができる。この空間の蒸気が放熱で凝縮すると、瞬時に空間が潰れ、水同士が衝突し、高い圧力を発生、管や弁を破壊するほどの衝撃力を発揮する。これを「蒸気凝縮ハンマ」という。

要点BOX
- 原因となるのは弁急閉、ポンプ起動・停止など
- 流体の衝突で発生した圧力波の音速で伝播する流体の運動量変化（流速$V→0$）が寄与

代表的なウオータハンマ

弁急閉によるウオータハンマ

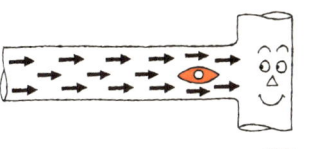

バタフライが全開時、万が一、弁体と弁棒を固定するキーが折損すると

流れが瞬時に弁を閉鎖、ウオータハンマを起こし、大きな力で配管、機器を損傷させることがある

流速Vの流れの弁急閉時におけるウオータハンマによる力

流れが方向を変えるときの力

$V\Delta t$ / V(流速) / 壁 / 管断面積 A

壁に生じる力Fは、流速V、流体密度ρ、管断面積A、単位時間Δtとして、
$F=質量 \times 加速度 = (\rho AV \Delta t)(V/\Delta t) = \rho AV^2$

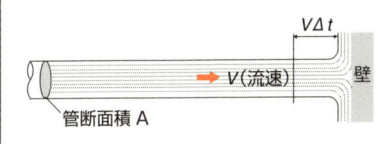

ウオータハンマが起きるときの力

$C\Delta t$ / 弁急閉 / V(流速) / C(圧力波音速) / 管断面積 A

閉止板にかかる力Fは、Cを流体の音速として、
$F=質量 \times 加速度 = (\rho AC \Delta t)(V/\Delta t) = \rho ACV$
注:質量は流速0の圧力波が音速で伝わる質量

ウオータハンマによる力は、流れが方向を変えるときの力のC/V倍となる。
仮に流速3m/s、水中の音速1400m/sとすれば、ウオータハンマは約470倍の力となる。

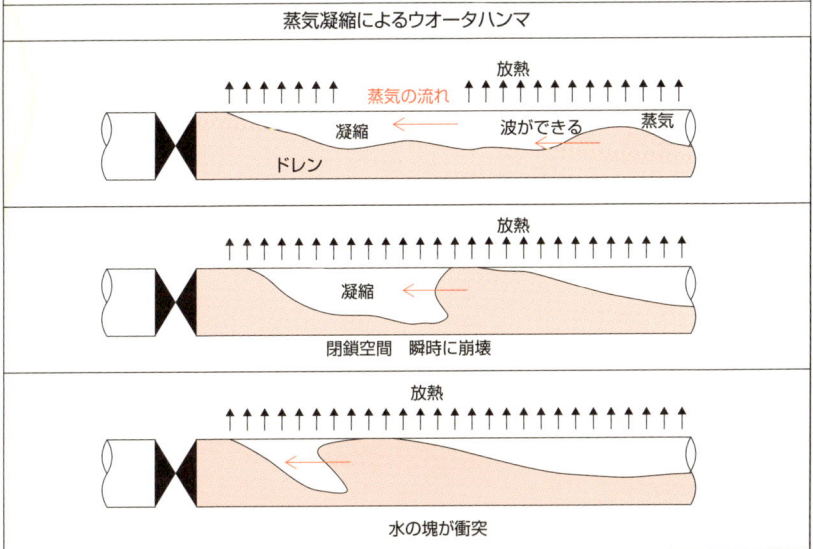

蒸気凝縮によるウオータハンマ

放熱 / 蒸気の流れ / 凝縮 / 波ができる / 蒸気 / ドレン

放熱 / 凝縮 / 閉鎖空間 瞬時に崩壊

放熱 / 水の塊が衝突

66 配管の電気化学的腐食

水と関係ある腐食は電気化学的

金属には元素の「イオン化傾向」に似たものがあり「自然電位順位」というものがあり（下図参照）、自然電位の低い金属は活性でイオン化（電子を放出）しやすく「アノード」と呼ばれ、自然電位の高い金属は非活性でイオン化しにくく「カソード」と呼ばれます。

アノードとカソードが電気的につながり、かつ、両者が同じ電解液中にあると、アノードからカソードへ液中を電流（腐食電流という）が流れます。電流が液中へ流出するアノードが腐食され、電流が液中より流入するカソードは防食されます。カソードに流入した電流は電気的に接続している金属を通り、アノードへ戻ります。

上図に示すように1枚の鉄板上の隣接する場所であっても、金属の表面や接する液の成分に微妙な差異があり、自然電位が若干異なるため、アノードとカソードを形成します。同一金属の場合は、絶えずアノードとカソードが入れ替わっているので、腐食速度は非常にゆるやかなものとなります。この腐食は均一腐食と呼ばれ、通常見る錆はこの均一腐食により生成された水酸化鉄です。

図に従い、電子、電流の流れを説明します。活性であるアノードの鉄がイオン化し、鉄イオンと電子に分かれます。鉄イオンはアノードにおいて、電解液（たとえば海水）の水酸化イオンを取り込み、水酸化鉄となります。アノードで放出された電子は鉄を通りカソードへ移行、カソードで液中の酸素と反応して水酸化イオンとなります（酸素がない液では電子は液中の水素イオンに取り込まれ水素ガスとなる）。鉄と液の界面における、電子と同じ電価の水酸化イオンの動きは、アノードで液中から水酸化イオンが取り込まれ、カソードで液中へ水酸化イオンが造られています。

電流は水酸化イオン即ち電子の動きと反対方向に流れるので、アノードでは電流が液へ流出し、カソードでは電流が液より流入し、アノードが腐食されます。

要点BOX
- 水がかかわる腐食は電気化学的腐食による
- アノードから液中に電流流出、カソードに流入
- アノードが腐食し、カソードが防食される

電気化学的腐食（均一腐食）

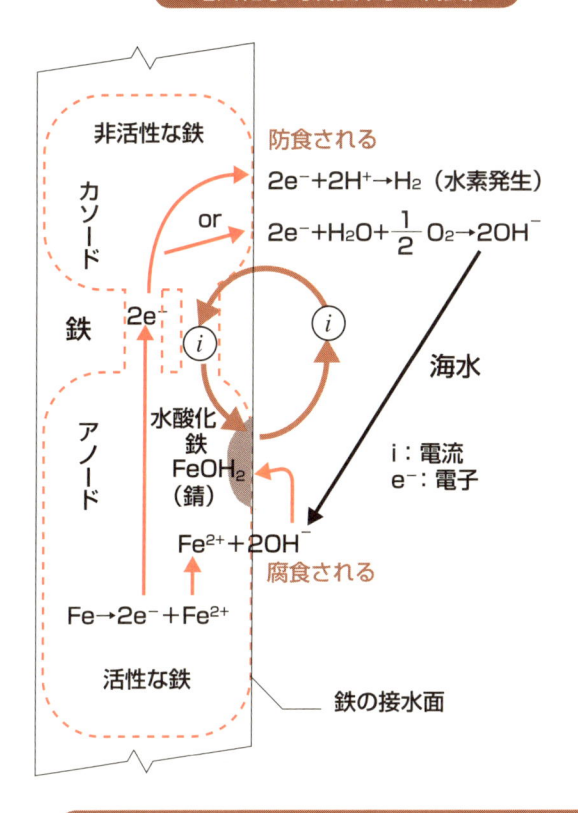

- 非活性な鉄　カソード
- 防食される
  - $2e^- + 2H^+ \rightarrow H_2$（水素発生）
  - $2e^- + H_2O + \dfrac{1}{2}O_2 \rightarrow 2OH^-$
- 鉄　$2e^-$
- 水酸化鉄 $FeOH_2$（錆）
- $Fe^{2+} + 2OH^-$
- 腐食される
- $Fe \rightarrow 2e^- + Fe^{2+}$
- 活性な鉄　アノード
- 海水
- 鉄の接水面
- i：電流
- e^-：電子

金属の自然電位順位（イオン化傾向に似たもの）

金属	自然電位(mV)
亜鉛(犠牲陽極として使われる)	-1030
炭素鋼	-610
304ステンレス鋼(活性)	-530
90-10キュプロニッケル	-280
チタン(工業用)	-150
304ステンレス鋼(不働態)	-80

用語解説

電解液：電流が流れることのできる液
活性：他の物体と反応しやすい

67 配管のガルバニック腐食と対策

ガルバニック腐食は著しく腐食が速い

66項では、同一金属内におけるわずかな自然電位の差による均一腐食のメカニズムを説明しました。

流体が海水の、樹脂ライニングされた炭素鋼管のチューブと管板製の熱交換器に接続されていて、鋼管のライニングに傷がつき、鉄が海水に露出した場合を考えてみます（上図左）。

露出した鉄もチタンも各々電解液である海水に接して電気的につながっており、またパイプ、フランジ、ボルト・ナット、水室により、金属側も電気的につながっています。つまり液側も金属側も露出した鉄とチタンとの間に電流の通路ができています。

電池の形にモデル化すると下図左になります。66項の自然電位の表より鉄の自然電位はマイナス610mV、チタンはマイナス150mVで、自然電位の低い鉄がアノード、高いチタンがカソードとなり、鉄が腐食され、チタンが防食されます。400mVを超える電位差があるので、鉄は激しい異種金属接触腐食（一般に

これを「ガルバニック腐食」という）を起こします。

均一腐食とガルバニック腐食の相違は金属間の電位差の大きさです。また、この例では、露出した鉄の面積はチタン表面積に比べ圧倒的に小さく、アノードである露出した鉄より集中的に海水へ電流が流出し、鉄は激しく腐食されます。

ガルバニック腐食を防ぐには、守る金属をカソードとなるようにします。すなわち、アノード役となる自然電位の低い、守るべき金属近傍に金属を海水に設置します（上図右）。この防食用の金属は電流を海水に流出しながら、自ら腐食減耗していくので、「犠牲陽極」と呼ばれます（"陽極"は"アノード"の意）。あるいは海水中に電極を設置し、外部電源からの電流を電極より海水に流出させます。この時、電極はアノードとなり、電流は鉄に流入し、鉄は防食されます。これらの防食法を「電気防食」といい、電池でモデル化すると下図右のようになります。

要点BOX
- 電解液中に自然電位に差のある異種金属があり、導通しているとガルバニック腐食が起きる
- 電気防食はガルバニック腐食対策の1つ

配管で起きるガルバニック腐食と電気防食

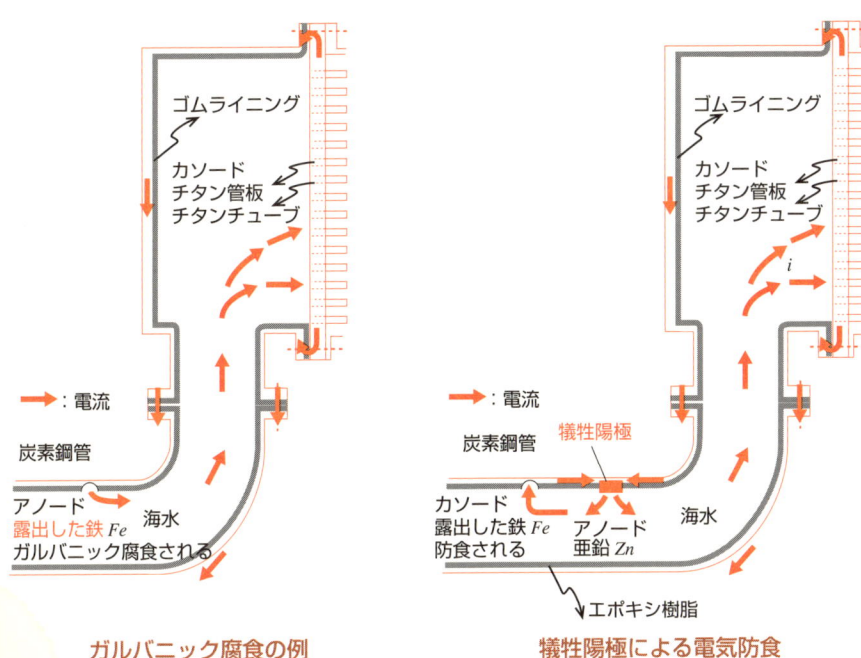

ガルバニック腐食の例

- ゴムライニング
- カソード チタン管板 チタンチューブ
- → : 電流
- 炭素鋼管
- アノード
- 露出した鉄 Fe
- ガルバニック腐食される
- 海水

犠牲陽極による電気防食

- ゴムライニング
- カソード チタン管板 チタンチューブ
- i
- → : 電流
- 炭素鋼管
- 犠牲陽極
- カソード 露出した鉄 Fe 防食される
- アノード 亜鉛 Zn
- 海水
- エポキシ樹脂

電池の構図で描くガルバニック腐食と電気防食

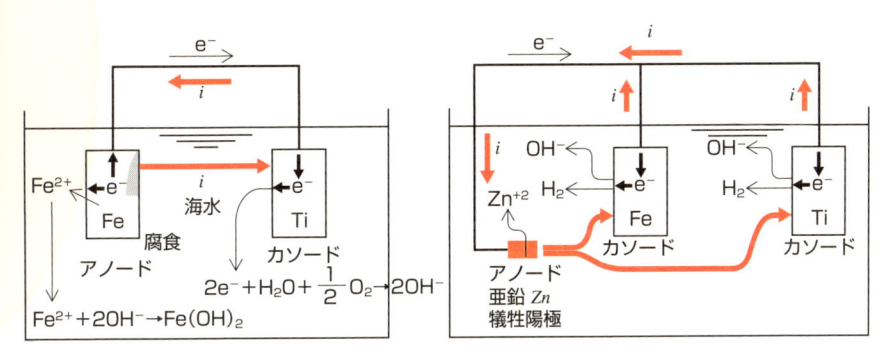

ガルバニック腐食の例

- e^-
- i
- 海水
- Fe^{2+} ← e^-
- Fe
- アノード
- 腐食
- e^-
- Ti
- カソード
- $2e^- + H_2O + \frac{1}{2}O_2 \rightarrow 2OH^-$
- $Fe^{2+} + 2OH^- \rightarrow Fe(OH)_2$

電気防食

- e^-
- i
- i ↑ i ↑
- i ↓ OH^- OH^-
- Zn^{+2} H_2 ← e^- H_2 ← e^-
- Fe Ti
- アノード 亜鉛 Zn 犠牲陽極
- カソード カソード

用語解説

mV：ミリボルト。1000mVは1V

Column

配管に関連する資格

一般に資格は、関係機関が行う試験に合格したものに与えられます。試験には、国が行う試験（国家資格）と民間が行う試験があります。また、技能検定的な資格と、特定の仕事につくために不可欠な資格とがあります。配管に関連する資格を以下に掲げますが、ここに掲げる以外にも多数あります。

・プラント製図技能士（国家資格）

技能検定制度の一種で配管組立図、アイソメ図を画いたり、読んだりする一定の能力を有し、試験に合格した者に与えられます。1級、2級があります。

・配管技能士（国家資格）

建築配管、またはプラント配管の図面を見て、溶接または接着により組立てる一定の能力を有し、試験に合格したものに与えられます。おのおのの1級、2級、3級があります。

・ボイラー整備士（国家試験）

ボイラー（小形ボイラーを除く）または第一種圧力容器の整備業務に就くのに必要です。

・ボイラー技士（国家資格）

特級から2級までであり、病院、学校、工場、ビル、船舶、地域熱供給などの場所で、おのおのの級に応じた規模のボイラーの取扱責任者になれます。

・ボイラー溶接士（国家試験）

特級と普通級があり、ボイラーまたは第一種圧力容器のすべて、または一部を級に応じて溶接することができます。

・管工事施工管理技士（国家資格）

建設業のうち冷暖房設備工事、空調設備工事、給排水、給湯設備工事、ダクト工事、ガス配管工事等において施工計画を作成し、工事監理、品質管理、安全管理などの業務を行うことができます。一級、二級があり、級に応じ、できる業務範囲が異なります。

・消防設備士（国家資格）

この資格免状を持った人は、消火器やスプリンクラー設備、自動火災報知設備など警報設備、などの設置工事、点検設備を行えます。

配管関係の資格は他にも、設備設計1級建築士（国家資格）、給水装置工事主任技術者（国家資格）、建築設備士（国家資格）、空気調和・衛生工学会設備士（民間資格）、配管基幹技能者（民間資格、空調、衛生設備関係）、溶接技能資格（民間資格、日本溶接協会）、ガス溶接技能者（国家資格）、などがあります。

【参考文献】

「絵とき『配管技術』基礎のきそ」(西野悠司 著)日刊工業新聞社、2012年
「トコトンやさしい下水道の本」(高堂彰二 著)日刊工業新聞社、2012年
「ポイント解説 粉粒体装置」(伊藤光弘 著)東京電機大学出版局、2011年
「絵でみる下水道のしくみ」(大内 弘 著)山海堂、1987年
「トコトンやさしい宇宙ロケットの本第2版」(的川泰宣 著)日刊工業新聞社、2011年
「船舶海洋工学シリーズ⑩ 船体艤装工学」(福地信義・安田耕造・内野栄一郎 共著)成山堂、2013年
「化学プラント配管工事の変遷」(竹下逸夫 著)神奈川県立川崎図書館に蔵書
「株式会社 第一高周波 カタログ」
「給排水衛生設備 計画設計の実務の知識」(空気調和・衛生工学会編)、2010年
「火力発電の基本と仕組み」(火力原子力発電技術協会)秀和システム、2011年
「株式会社 日本発条 カタログ」
「JIS B 0151 鉄鋼製管継手用語」
「JIS A 9501 保温保冷工事施工標準」
「トラッピング・エンジニアリング」(藤井照重 監修)省エネルギーセンター、2005年
「絵とき『熱処理』基礎のきそ」(坂本 卓 著)日刊工業新聞社、2009年
「絵とき『溶接』基礎のきそ」(安田克彦 著)日刊工業新聞社、2006年
「配管便覧」(成瀬 昶、幡野佐一、城田俊雄、若狭孝治)化学工業社、1971年
「フラーレンとナノチューブの化学」(篠原久典、齋藤弥八 著)名古屋大学出版局、2011年

用語	ページ
フレキシブルチューブ	76
プロセス配管	44
ブロック工法	104
プロットプラン	92
分岐式	30
紛体	42
ヘッダ式	30
ベルヌーイの定理	122
ベローズ	74
弁	54
弁座	62
ベント	60
ベンド	41
放射線透過試験	102
防露	82
飽和蒸気圧	124
ポータブルフェーサ	90
ボール弁	62
保温	82
ポッピング	68
保冷	82
ボンデュガール	12
ポンプキャビテーション	136
ポンプ直送式	30
ポンペイの遺跡	16

ま・や

用語	ページ
マイター	60
マンネスマン	20
マンネマス家	20
ムーディ線図	130
メカニカルトラップ	78
モジュール工法	104
焼き曲げ	96
油圧防振器	72
ユーティリティ配管	44
ユニオン継手	86
ユニバーサルジョイント	76
溶接後熱処理	100
溶接式管継手	22
溶接継手	84
横走り管	32
呼び径	58

ら

用語	ページ
ライトオブウェイ	48
ライニング鋼管	26
ラインチェック	106
ラテラル	60
ラプチュアディスク	68
乱流	126
力学的エネルギー	122
リジッドハンガ	70
離調	144
流体のエネルギー保存則	122
ルート部	98
レイノルズ数	126
レジューサ	60
レストレイント	72
錬鉄	17
ローマ帝国の水道	12
炉内焼きなまし	100

玉川上水	14
ためます	14
ダルシー・ワイスバッハの式	130
単座弁	66
鍛接管	16
鋳鉄管	16
チューブ継手	84
超音波探傷試験	102
調節弁	66
貯水槽式	30
突合せ溶接	86
継目無鋼管	20
ティ	60
電気化学的腐食	148
電気防食	150
導水渠	26
塗覆装	56
トランスミッタ	66
ドレン	78
トレンチャ	48

な

逃がし弁	68
ねじ継手	84
ノー・ペーパー・ポケット	138
ノー・リキッド・ポケット	138

は

配管	10
配管コンポーネント	54
配管支持装置	54
配管振動	142
配管設計	90
配管ルート設計	112
排水設備	28
パイプ	50
パイプコースタ	90
パイプライン	48
バタフライ弁	62
バッチ処理	42
ばね式防振器	72
バビロンの遺跡	10
バリアブルハンガ	70
パリの下水道	18
バルブ	54
破裂板	68
ヒートフュージョン接合	34
被覆アーク溶接	98
標準流速	134
フィッティング	54
フェイルセーフ	66
フェーサ	90
複座弁	66
ふな釘	14
プラスチックモデル	94
フラッシング	90
フランジ	84
フランジ付管継手	22
プラント配管設計	92
フリードレン	138
フレア継手	86
フレキシビリティ	140

共振	144
強制振動	142
強度計算式	116
局部焼きなまし	100
許容応力	116
食込み継手	86
下水管	28
下水処理場	28
血管	50
建設コスト	134
高周波誘導加熱による曲げ	96
勾配配管	138
後熱処理	100
コンスタントハンガ	70
コントローラ	66

さ

サーモスタティックトラップ	80
サイジング	134
差込み溶接	86
サドル付分水栓	26
残留応力	100
仕切弁	62
軸方向応力	64
自然電位順位	148
下向きバケット式	78
磁粉探傷試験	102
締切圧力	26
蛇口	62
蛇腹形	74
周方向応力	114

重力流れ	138
主蒸気管	46
蒸気凝縮ハンマ	146
蒸気タービン	46
ショッププレファブ方式	104
伸縮管継手	74
浸透透過試験	102
水撃	146
推進薬供給配管	40
水頭	122
水道配水用ポリエチレン管	26
水力勾配線	124
スケジュール番号	58
スタブエンド	84
スチームトラップ	78
スチームハンマ	78
ステンレス鋼管	26
スピゴット継手	34
スプール	104
スプリンクラー設備	36
スプレッド工法	48
接着	84
層流	126
損失水頭	122

た

耐圧試験	108
タイロッド	74
ダクタイル鋳鉄管	26
立て管	32
玉形弁	62

索引

英・数

3D CAD — 94
4力学 — 112
ASME — 58
ERP（GRP） — 56
H-IIAロケット — 40
LNG — 34
NPSH — 136
P&ID — 92
PFD — 92
TIG溶接 — 98
Uベンド — 141

あ

アーク溶接 — 98
アイソメ図 — 92
アセチレンガス — 22
圧力脈動 — 120
穴の補強 — 110
アノード — 148
安全弁 — 68
イオン化傾向 — 148
ウオータハンマ — 146
裏波 — 98
液化天然ガス — 34
エネルギー勾配線 — 124
えび継ぎ — 60
エルボ — 60
エレクトロフュージョン接合 — 34
オイルタンカー — 38
応力除去焼きなまし — 100
オーレット — 60
屋内消火栓設備 — 36

か

カーゴマニホールド — 38
開先 — 98
貸油管システム — 38
火傷防止 — 82
ガスホルダー — 118
カソード — 148
火力発電所 — 46
ガルバニック腐食 — 150
管 — 2
管網 — 26
管接続方式 — 22
管台 — 120
神田上水 — 14
管継手 — 54
管摩擦係数 — 130
犠牲陽極 — 150
気密試験 — 108
逆サイホン — 12
逆止弁 — 64
球形タンク強度 — 118
給水管 — 30

今日からモノ知りシリーズ
トコトンやさしい
配管の本

NDC 528

2013年5月25日 初版1刷発行
2014年1月31日 初版2刷発行

Ⓒ著者　西野悠司
発行者　井水 治博
発行所　日刊工業新聞社
　　　　東京都中央区日本橋小網町14-1
　　　　(郵便番号103-8548)
　　　　電話　書籍編集部　03(5644)7490
　　　　　　　販売・管理部　03(5644)7410
　　　　FAX　03(5644)7400
　　　　振替口座　00190-2-186076
　　　　URL　http://pub.nikkan.co.jp/
　　　　e-mail　info@media.nikkan.co.jp
企画・編集　エム編集事務所
印刷・製本　新日本印刷(株)

●著者略歴
西野悠司(にしの　ゆうじ)
1963年　早稲田大学第1理工学部機械工学科卒業
1963年より2002年まで、現在の株式会社 東芝 京浜事業所、続いて株式会社 東芝プラントシステムにおいて発電プラントの配管設計に従事。その後、3年間、化学プラントの配管設計にも従事。
一般社団法人 配管技術研究協会主催の研修セミナー講師。
同協会誌元編集委員長ならびに雑誌「配管技術」に執筆多数。
現在、一般社団法人 配管技術研究協会参与。
　　　　日本機械学会 火力発電用設備規格構造分科会副主査。
　　　　西野配管装置技術研究所代表。

●主な著書
「絵とき『配管技術』基礎のきそ」日刊工業新聞社

●DESIGN STAFF
AD───────── 志岐滋行
表紙イラスト───── 黒崎 玄
本文イラスト───── 榊原唯幸
ブック・デザイン── 大山陽子
　　　　　　　(志岐デザイン事務所)

●落丁・乱丁本はお取り替えいたします。
2013 Printed in Japan
ISBN 978-4-526-07080-8　C3034

●本書の無断複写は、著作権法上の例外を除き、禁じられています。

●定価はカバーに表示してあります。

日刊工業新聞社の「配管」関連書籍

絵とき「配管技術」基礎のきそ

西野悠司 著
A5判　256頁
定価（本体2600円＋税）

<目次>
第1章　配管計画
第2章　管・管継手の強度
第3章　配管の熱膨張応力
第4章　管路の圧力損失
第5章　配管の振動
第6章　配管の腐食と防食
第7章　鋼の性質と管・管継手
第8章　材料力学とハンガ・サポート
第9章　伸縮管継手
第10章　弁
第11章　配管のスペシャルティ
第12章　配管の溶接設計

〈著者より〉

　本書は、これから配管技術者（またはプラント技術者）を志そうとする人、現在、その過程にある人、また、配管技術をおさらいしたい人たちのために執筆しました。

　本書は、これ1冊マスターすれば、一人前の配管技術者になれるように考えました。本書のタイトルは「基礎のきそ」ですが、かなり奥まで踏み込んだところもあります。それは「基礎」の上にもう一段積めば到達できる範囲と考えたからです。

　また本書は「配管技術」の境界内で、できる限り間口を広げましたが、それでも、配管技術の全体を捉えることはできません。自分に未知の分野、たとえば、解析、ノウハウ、製品などに接したとき、役に立つのは4力学（材料、流体、機械、熱）です。したがって、4力学の理解が深くなるよう工夫をこらしてあります。